インプレスR&D [NextPublishing]

技術の泉 SERIES
E-Book / Print Book

Elasticsearch
NEXT STEP

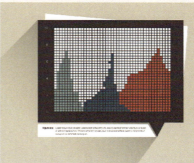

Acroquest Technology 株式会社　監修
アクロクエストテクノロジー

樋口 慎／山本 大輝／佐々木 峻／束野 仁政　著

ブログの記事検索、SQL、
日本語検索エンジン、クラスタ化……
Elasticsearchを実践的に学ぶ！

技術の泉
SERIES

目次

はじめに ··· 5

本書が扱う内容 ··· 5

対象読者 ··· 5

ソフトウェアのバージョン ··· 6

免責事項 ··· 6

表記関係について ·· 6

底本について ·· 6

第1章　Elasticsearchで実践するはてなブログの記事解析 ························· 7

1.1　準備 ··· 7

　　1.1.1　必要なソフトウェアの準備 ··· 7

　　1.1.2　Pythonプログラムに必要なライブラリーのインストール ··········· 7

　　1.1.3　形態素解析プラグインKuromojiのインストール ······················ 8

1.2　作業の全体像 ·· 8

　　1.2.1　Elasticsearchへのデータ投入 ··· 8

　　1.2.2　Kibanaを使ってダッシュボードを構築 ··································· 9

1.3　記事の投入 ··· 9

　　1.3.1　はてなブログの記事一覧を取得する ······································ 9

　　1.3.2　Elasticsearchのマッピング定義 ··· 9

　　1.3.3　記事一覧ファイルを解析し、Elasticsearchへ投入する。 ············ 13

1.4　ダッシュボード作成 ··· 17

　　1.4.1　カテゴリーの割合 ··· 18

　　1.4.2　カテゴリーと時間の遷移 ··· 19

　　1.4.3　タグクラウドを作成する ··· 20

　　1.4.4　コントローラの作成 ··· 23

　　1.4.5　ひと目でわかる数値情報の表示 ··· 24

　　1.4.6　テーブルの作成 ··· 26

　　1.4.7　Dashboardの作成 ··· 27

1.5　まとめ ··· 28

第2章　日本語検索エンジンとしてのElasticsearch ································· 29

2.1　全文検索とは ·· 29
　　2.1.1　逐次検索 ·· 29
　　2.1.2　索引検索 ·· 29

2.2　全文検索のよくある課題 ·· 30
　　2.2.1　表記揺れ ·· 30
　　2.2.2　複数単語の組み合わせによる固有の単語 ··· 30

2.3　対策 ··· 31

2.4　Sudachiとは ·· 32
　　2.4.1　表記揺れへの対応 ·· 32
　　2.4.2　複数単位での単語分割 ··· 35

2.5　Sudachiを使ってみる ·· 36
　　2.5.1　Analyzerを設定する ·· 36
　　2.5.2　Analyze APIにかけてみる ·· 40

2.6　SudachiのTips ··· 41
　　2.6.1　Sudachiの辞書の内部を見てみよう ·· 41
　　2.6.2　ユーザー辞書を使ってみる ··· 42

2.7　まとめ ·· 45

第3章　Elasticsearch SQL ·· 46

3.1　Elasticsearch SQLの基本機能 ·· 46

3.2　基本的なSQLとAPIの使い方 ·· 46
　　3.2.1　基本的な使い方 ·· 46
　　3.2.2　ドキュメントの検索 ··· 49

3.3　データ型一覧、関数一覧 ·· 50
　　3.3.1　データ型 ·· 50
　　3.3.2　関数 ··· 50

3.4　実践編 ··· 55
　　3.4.1　GROUP BY ··· 55
　　3.4.2　QUERY・MATCH ··· 56
　　3.4.3　HAVING ·· 57

3.5　Elasticsearch SQLの仕組み ··· 58

3.6　CLIの使い方 ··· 59

3.7　JDBCドライバでのアクセス ·· 60

3.8　まとめ ·· 60

目次　3

第4章 はじめてのElasticsearchクラスタ ································ 61

4.1 クラスタ ·· 61

4.2 ノードの種類 ·· 62

4.3 シャードとレプリカ ··· 63
    4.3.1 インデックス ·· 63
    4.3.2 シャード ·· 64
    4.3.3 レプリカ ·· 64

4.4 インデクシングの流れ ··· 66

4.5 検索の流れ ··· 69
    4.5.1 検索処理のフェーズ ···································· 70
    4.5.2 Query Phase ··· 70
    4.5.3 Fetch Phase ·· 72

4.6 データ・ノードの障害検知 ·································· 74
    4.6.1 インデックス状態とクラスタ状態 ·············· 74
    4.6.2 インデックス状態がredの場合の検索 ········· 76
    4.6.3 データノードの障害検知の動作 ·················· 77

4.7 本番運用前にやっておくべきこと ······················ 80
    4.7.1 シャード設計 ·· 80
    4.7.2 レプリカ設計 ·· 83
    4.7.3 マッピング設計 ·· 85
    4.7.4 ディスクサイズ設計 ···································· 87
    4.7.5 スプリットブレイン設計 ···························· 88

4.8 まとめ ··· 90

謝辞 ··· 91

はじめに

本書を手にとっていただきありがとうございます。

近年、企業が収集するデータ量は日々増加し、膨大なデータの中から必要とするデータを獲得したいニーズが高まっています。そのような膨大なデータを検索するソフトウェアのひとつがElasticsearchです。

世界で人気があるデータベース・ソフトウェアがわかるサイト "DB-Engines Ranking (https://db-engines.com/en/ranking)" において、Elasticsearchはデータベース・ソフトウェア全体で8位、検索ソフトウェアとして1位の人気となっています（2019年2月現在）。5年ほど前はほとんど知られていなかったことを考えると、今もっとも人気が上昇している検索ソフトウェアといえます。

本書は、Elasticsearchやデータ分析の業務を数多く担当してきたAcroquest Technology株式会社の有志が執筆し、実践的な内容を数多く盛り込みました。読み終わった皆様が本書を手に取る前より、実践的なElastic Stackの活用ができることを願っています。

本書が扱う内容

本書は独立したテーマからなる4つの章から構成されています。そのため、興味ある章から自由に読み進められるようになっています。

第1章「Elasticsearchで実践するはてなブログの記事解析」では、Elasticsearch、Kibana、Pythonを使って当社の技術ブログ「Taste of Tech Topics」（http://acro-engineer.hatenablog.com/）を分析します。Elasticsearchで日本語のデータ分析に挑戦したい方に向けて、Elasticsearchの設定やKibanaでの可視化について解説します。

第2章「日本語検索エンジンとしてのElasticsearch」では、Elasticsearchで日本語を全文検索する際の課題に触れた後、解決策として形態素解析器のSudachiを紹介します。

第3章「Elasticsearch SQL」では、バージョン6.3で導入されたSQL機能の概要およびその使い方、しくみを紹介します。

第4章「はじめてのElasticsearchクラスタ」では、分散システムとしてのElasticsearchの動作と、運用前に行うべき設計のポイントを説明します。設計時の考察が不足することで問題となる事例を紹介し、安全にElasticsearchクラスタを運用できるようにします。

対象読者

本書が対象とする読者は、Elasticsearchを多少触ったことがあり、より実践的な次の一歩を踏み出そうとしている方です。そのため、Elasticsearch、Kibanaの起動・簡単な設定の編集といった基本的な知識が身についていることを前提としています。高度な知識は必要ありませんが、Elasticsearchをまったく触ったことがない方には難しい内容かもしれません。

Elasticsearchは検索、複数ノードによる検索の分散化など、非常に多くの機能をもっています。これらの機能を使いこなすには、ノウハウやテクニックが必要です。そのため、Elasticsearchを使い

こなそうとすればするほど、Elasticsearchのことを深く知る必要があります。本書はElasticsearchを使いこなしたい方が次の一歩を踏み出せるよう、実例やハマりがちなポイントを紹介します。

ソフトウェアのバージョン

本書は、Elastic Stack 6.6.0を元に記述しています。そのため、他のバージョンでは動作が異なる場合があります。あらかじめ、ご了承ください。

免責事項

本書に記載された内容は、情報の提供のみを目的としています。したがって、本書を用いた開発、製作、運用は、必ずご自身の責任と判断によって行ってください。これらの情報による開発、製作、運用の結果について、著者はいかなる責任も負いません。

表記関係について

本書に記載されている会社名、製品名などは、一般に各社の登録商標または商標、商品名です。会社名、製品名については、本文中では©、®、™マークなどは表示していません。

底本について

本書籍は、技術系同人誌即売会「技術書典5」で頒布されたものを底本としています。

第1章 Elasticsearchで実践するはてなブログの記事解析

本章では、Elasticsearchを利用した分析の例を紹介します。

Acroquest Technology では、所属するエンジニアが執筆する技術ブログ「Taste of Tech Topics」（http://acro-engineer.hatenablog.com/）を公開しており、月間PV30000前後のアクセスがあります。このブログには現在の会社のトレンドや技術の傾向が表れるため、内容を分析すれば隠れた知見を発見できる可能性があります。今回はElasticsearch、Kibana、Pythonを用いてブログ記事の分析を行います。

1.1 準備

1.1.1 必要なソフトウェアの準備

まず、Elasticsearch、Kibana、Pythonを準備します。Elasticsearch、Kibanaは公式サイト（https://www.elastic.co/jp/products）から取得できます。また、Pythonも公式サイト（https://www.python.org/downloads/）よりインストールします。本章で検証したバージョンは表1.1をご確認ください。本章では、macOS Mojave（10.14）で実行しています。OSにより、動作の異なる場合があります。あらかじめ、ご了承ください。

表1.1: ソフトウェアのバージョン

Software	Version
Elasticsearch	6.6.0
Kibana	6.6.0
Python	3.6.0

1.1.2 Pythonプログラムに必要なライブラリーのインストール

Pythonを利用して、はてなブログのデータをElasticsearchに投入できる形式へ変換し、Elasticsearchにリクエストします。そのため、Pythonで利用できるElasticsearchのクライアント・ライブラリーが必要です。Pythonのライブラリーを管理するpipを利用できる環境であれば、次のコマンドを実行してインストールします。

```
$ pip install elasticsearch
```

第1章 Elasticsearchで実践するはてなブログの記事解析 | 7

1.1.3　形態素解析プラグインKuromojiのインストール

最初にElasticsearchの準備を行います。

日本語のドキュメントを検索をするために、**形態素解析**と呼ばれる処理が必要となります。形態素解析とは、日本語として意味をもつ表現要素の最小単位を**形態素**といい、文章中の形態素を判別して分解するものです。Elasticsearchで形態素解析を行うKuromojiプラグインが提供されており、今回はこれを利用します。

まずは、Kuromojiプラグインのインストールを行います。Elasticsearchをインストールしたディレクトリーで、次のコマンドを実行します。

```
$ bin/elasticsearch-plugin install analysis-kuromoji
```

1.2　作業の全体像

本章では、大きく分けてふたつの作業を実施します。全体の構成を図1.1に示します。

図1.1: 構成図

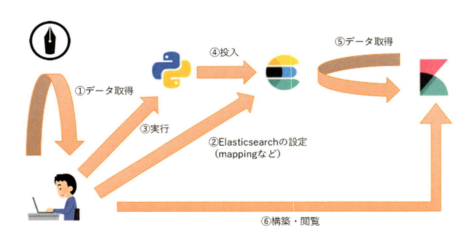

1.2.1　Elasticsearchへのデータ投入

始めにElasticsearchに投入したいデータを取得します。はてなブログからデータをダウンロードします（①）。次にElasticsearchへ日本語検索のためのマッピング定義を登録する処理が必要です（②）。最後にPythonでElasticsearchへ投入できる形式に変換・投入します（③、④）。

1.2.2　Kibanaを使ってダッシュボードを構築

　Elasticsearchに投入したはてなブログのデータをKibanaで可視化します。今回、Kibanaで複数種類のVisualizeを作成します。そして、作成したVisualizeを用いたDashboardを作成します（⑥）。⑤はVisualize、Dashboard可視化時のデータ取得を示します。

1.3　記事の投入

1.3.1　はてなブログの記事一覧を取得する

　Elasticsearchで分析したいはてなブログの記事を取得します。はてなブログの記事は、はてなブログの管理画面から「MovableType形式」でエクスポートできます。エクスポートは「管理画面」→「設定」→「詳細設定」→「エクスポート」の順番で画面を遷移すれば可能です。エクスポートを実行し、ダウンロードをクリックします。

図1.2: はてなブログのエクスポート画面

1.3.2　Elasticsearchのマッピング定義

　Elasticsearchのマッピング定義を準備します。はてなブログのためのマッピング定義を次に示します。KibanaのDevToolsを用いた方法、もしくは、curlを利用して投入しましょう。

```
PUT _template/blog
{
  "index_patterns": "blog",
  "settings": {
    "analysis": {
      "tokenizer": {
```

```
      "kuromoji": {
        "type": "kuromoji_tokenizer",
        "mode": "search"
      }
    },
    "analyzer": {
      "kuromoji-analyzer": {
        "type": "custom",
        "tokenizer": "kuromoji",
        "filter": [
          "ja_stop",
          "kuromoji_part_of_speech",
          "lowercase"
        ],
        "char_filter": [
          "html_strip"
        ]
      }
    }
  }
},
"mappings": {
  "blog": {
    "properties": {
      "body": {
        "type": "text",
        "fielddata": true,
        "analyzer": "kuromoji-analyzer"
      },
      "title": {
        "type": "text",
        "analyzer": "kuromoji-analyzer",
        "fielddata": true,
        "fields": {
          "keyword": {
            "type": "keyword"
          }
        }
      }
    }
  }
}
```

```
    }
  }
```

投入したマッピング定義をパーツ別に説明します。

(1) Tokenizerの定義

Tokenizerは文字列の分割方法を定義します。

```
"tokenizer": {
  "kuromoji": {
    "type": "kuromoji_tokenizer",
    "mode": "search"
  }
}
```

　今回は日本語の解析であるため、kuromoji_tokenizerを定義します。指定するmode（＝分割する方法）は「search」にしました。

　Kuromojiが持つmodeは現在、normal、search、extendedの3種類があります。normalは形態素解析における分割、searchは分割結果だけでなく、複合された名詞も獲得できます。最後のextendedは未知語をunigramで分割します。この分割する方法の設定により、検索の結果が変化します。今回は検索で用いられる「search」を使用します。

(2) analyzerの定義

次はanalyzerです。

```
"analyzer": {
  "kuromoji-analyzer": {
    "type": "custom",
    "tokenizer": "kuromoji",
    "filter": [
      "ja_stop",
      "kuromoji_part_of_speech",
      "lowercase"
    ],
    "char_filter": [
      "html_strip"
    ]
  }
```

analyzerは次の3つの要素で構成されています。

1．char_filter: 文字を加工（追加／削除／変更）する処理を行う。

2．tokenizer: 分割する処理を行う。

3．filter: 分割後に整形を行う。

tokenizerは(1)で、定義した「kuromoji」を選択しています。

filterは次の3つを利用しています。

1．ja_stop: 日本語のストップワードを除去するフィルター。事前に定義されている不要な単語を削除します。

2．kuromoji_part_of_speech: 日本語解析の場合に有用な品詞に限定するフィルターです。たとえば、名詞は検索で有用になりやすいですが、助詞は検索に不要です。そのため、あらかじめ定義された有用な品詞のみに限定します。

3．lowercase: 小文字化を行うフィルター。大文字で定義された単語を小文字にします。たとえば、「Lowercase」を獲得できた場合に、「lowercase」と変換します。英語の場合、文章の先頭の単語が大文字になる、もしくは、記載者による表記ゆれが存在するため、これらを一括して小文字で統一することで検索のヒット率を向上できます。

最後にchar_filterで用いているhtml_stripは、htmlタグを除去するフィルターです。これで、文書の内容を検索する時にhtmlタグを検索対象から除外します。

(3) マッピング定義

先ほど定義したanalyzerを利用するようにフィールドを定義します。

```
"mappings": {
  "blog": {
    "properties": {
      "body": {
        "type": "text",
        "fielddata": true,
        "analyzer": "kuromoji-analyzer"
      },
      "title": {
        "type": "text",
        "analyzer": "kuromoji-analyzer",
        "fielddata": true,
        "fields": {
          "keyword": {
            "type": "keyword"
          }
        }
      }
    }
  }
}
```

mappings.blog(index).properties.body.analyzerに「kuromoji-analyzer」を設定します。「kuromoji-analyzer」はjson中で定義したanalyzerに該当します。ただし、本章では「title」はtextとkeywordのどちらの型も利用します。そのため、titleにmultifieldを設定します。定義の仕方を工夫すれば、複数のanalyzerを利用できます。

1.3.3 記事一覧ファイルを解析し、Elasticsearchへ投入する。

最後に、取得したはてなの記事ファイルをElasticsearchへ投入します。エクスポートしたブログの記事の例（一部）は次のとおりです。

リスト1.1: はてなブログ記事のサンプル

```
 1: --------
 2: AUTHOR: acro-engineer
 3: TITLE: CVPR2018 5日目：ニューラルネットワークを効率的に動かすためのワークショップに参加しました
 4: BASENAME: 2018/06/23/132716
 5: STATUS: Publish
 6: ALLOW COMMENTS: 1
 7: CONVERT BREAKS: 0
 8: DATE: 06/23/2018 13:27:16
 9: CATEGORY: CVPR2018
10: CATEGORY: 機械学習
11: IMAGE: https://cdn-ak.f.st-hatena.com/images/fotolife/a/
12: acro-engineer/20180623/20180623115827.jpg
13: -----
14: BODY:
15: <p>皆さんこんにちは。@<a class="twitter-user-screen-name"
16: href="http://twitter.com/tereka114">tereka114</a>です。<br />
17: 遂にCVPRも最終日になりました。</p><p>※CVPR2018の4日目の記事はこちらです。<br />
```

データは「カテゴリー名：¦内容¦」の形式で保持されています。BODYは-----の区切り文字で仕切られています。ただし、BODYの項目にはhtmlタグも含まれているため、htmlタグの除去が必要です。保持している各タグの説明を表1.2に示します。

第1章 Elasticsearchで実践するはてなブログの記事解析 | 13

表1.2: はてなブログの項目

タグ名	説明
AUTHOR	執筆者のアカウント
TITLE	ブログのタイトル
BASENAME	URL から「http://acro-engineer.hatenablog.com/entry/」を除いた部分
STATUS	記事のステータス
ALLOW COMMENTS	コメントを許可するか否か
CONVERT BREAKS	改行設定に関する項目、特になければ、ブログの初期値が利用されます。
DATE	日付
CATEGORY	はてなのタグ
IMAGE	サムネイル
BODY	本文

また、データ投入用のPythonプログラムを次に示します。

リスト1.2: データ投入用Pythonプログラム

```
 1: import re
 2: from elasticsearch import Elasticsearch
 3: import datetime
 4: import argparse
 5:
 6: columns = "AUTHOR|TITLE|BASENAME|STATUS|ALLOW COMMENTS|
 7:
BREAKS|DATE|CATEGORY|IMAGE"
 8: blog_host = " http://acro-engineer.hatenablog.com/entry/"
 9: template_pattern = re.compile("\<blockquote\>.+是非次のページをご覧くださ
い.+\<\/blockquote\>", flags=re.DOTALL)
10:
11:
12: class MovableParser(object):
13:     def __init__(self, host, port):
14:         """
15:         Elasticsearchと接続する
16:         """
17:         # (1) Elasticsearchクライアントの初期化
18:         self.es = Elasticsearch(hosts=["{}:{}".format(host, port)])
19:         self.document = {}
20:         self.seq = ""
21:
22:     def read_file(self, filename):
23:         """
```

14 第1章 Elasticsearchで実践するはてなブログの記事解析

```
24:              ファイルを読む。'--------'で区切ってparse()を呼び出す
25:
26:          :param filename: データファイル名
27:          """
28:          # (2) ファイル解析
29:          with open(filename, encoding="utf-8") as f:
30:              for line in f:
31:                  if line == "--------\n":
32:                      self.parse()
33:                      self.seq = ""
34:                  else:
35:                      self.seq += line
36:
37:      def parse(self):
38:          """
39:          MovableTypeをパースする
40:          """
41:          # (3) メタ情報の解析
42:          elements = self.seq.split("-----\n")
43:          meta = elements[0]
44:          body = elements[1]
45:
46:
47:          meta_pattern = re.compile("({0}): (.*)".format(columns),
48:                                     flags=(re.MULTILINE | re.DOTALL))
49:          for metaline in meta.split("\n")[:-1]:
50:              matches = re.match(meta_pattern, metaline)
51:              if matches.group(1).lower() in self.document:
52:                  print(matches)
53:                  self.document[matches.group(1).lower()]
54:
",{0}".format(matches.group(2))
55:              else:
56:                  self.document[matches.group(1).lower()] = matches.group(2)
57:          if "category" in self.document:
58:              self.document["category"] = self.document["category"].split(",")
59:              print(self.document["category"])
60:
61:
62:          body = re.sub("BODY:","",body)
63:          body = re.sub(template_pattern, "", body)
```

第1章　Elasticsearchで実践するはてなブログの記事解析　15

```
64:         self.document["body"] = body
65:
66:         # (4)取得データの加工
67:         url = blog_host + self.document["basename"]
68:         self.document["source"] = url
69:         self.document["date"] = datetime.datetime.strptime(self.document["date
"],
70:                                                              "%m/%d/%Y
%H:%M:%S")
71:
72:         # (5) Elasticsearchへのデータ投入
73:         self.es.index(index="blog"), doc_type="blog",
74:                       body=self.document)
75:         print(self.document)
76:         self.document = {}
77:
78:
79: if __name__ == "__main__":
80:     parser = argparse.ArgumentParser()
81:     parser.add_argument("--host", type=str, default="localhost")
82:     parser.add_argument("--port", type=int, default=9200)
83:     parser.add_argument("--file", type=str,
84:     default="acro-engineer.hatenablog.com.export.txt")
85:     args = parser.parse_args()
86:
87:     parser = MovableElasticsearchParser(host=args.host, port=args.port)
88:     parser.read_file(args.file)
```

(1) Elasticsearchクライアントの初期化

　　データ投入処理では、Elasticsearchのクライアント・ライブラリーを用います。引数hostsに
Elasticsearchの接続先を記載します。Elasticsearchの設定を変更しない場合の接続先は、localhost
のポート9200番です。リモートサーバーに配置したElasticsearchに投入する場合は、hostsの設定
を変更します。セキュリティー機能でElasticsearchの認証機能を有効にしている場合は、別途認証
を行う処理が必要です。

(2) ファイル解析

　　read_fileメソッドでファイルを読み出します。具体的な読み出し方は次項の(3)、(4)で説明します。

(3) メタ情報の解析

　　はてなブログから取得した記事を解析します。

まずBODYとその他の項目の処理を分割します。BODYとその他の項目で処理方法が異なっているためです。

最初にその他の項目の処理方式を説明します。最初の正規表現の一致パタンは各項目の開始（：）から次の項目の開始を示しています。

```
meta_pattern = re.compile("({0}): (.*)".format(columns),
                          flags=(re.MULTILINE | re.DOTALL))
```

そして、正規表現で分割した文字列をPythonのdict型で保持します。CATEGORYは複数存在し、「,」で区切られて保存されます。そのため、カテゴリーを配列に変換しています。

次にBODYを解析します。re.subを用いて、分析に不要な文字列を正規表現で除去します。記事の本文の場合、フォーマット固有の表現である「BODY：」や分析に無関係なフッターを除去します。

(4) 取得データの加工

取得したデータを必要に応じて加工します。「BASENAME」はブログのurlの情報の一部を保持しているため、ブログ自身のURLと結合します。datetime.datetime.strptimeを用いて、"DATE"を文字列からdatetime型へ変換します。

(5) Elasticsearchへのデータ投入

Elasticsearchのクライアントのメソッド「index」を用いてデータの投入を行います。indexメソッドではElasticsearchのindexを示すindex引数と投入内容を示すbodyを指定します。

実行

実行コマンドは次の通りです。

```
python indexing.py --host localhost --port 9200
```

これで、Elasticsearchへのデータの投入が完了しました。

1.4　ダッシュボード作成

Kibanaを起動します。Kibanaをインストールしたディレクトリーで、次のコマンドを実行します。

```
./bin/kibana
```

次に、Kibanaにアクセスします。はじめにIndex Patternを作ります。手順は次の通りです。

1．Kibanaのページで左の画面のManagementから「Index Patterns」を選択します。
2．Create index patternの「index pattern」に「blog」を入力し、「Next step」をクリックします。
3．「Time Filter field name」で「date」を選択し、「Create index pattern」をクリックします。

本章で作成するダッシュボードのVisualizeの項目は表1.3に記載しました。

表1.3: 今回作成するVisualizeの一覧表

名前	Visualizeの種類	内容説明
ブログ内記事のカテゴリー割合	Pie Chart	記事に多いカテゴリーを直感的に理解します。
カテゴリー別の数の時間遷移	Time Series Visual Builder	いつ、どんなカテゴリーの執筆が 多かったか確認します。
タイトルのタグクラウド	Tag Cloud	タイトル中に利用頻度の高い単語を 直感的に理解し、トレンドをチェックします。
本文のタグクラウド	Tag Cloud	本文中に利用頻度の高い単語を直感的に理解し、 トレンドをチェックします。
記事数	Metric	期間間の記事数を数値で確認し、 ブログの更新頻度を把握します。
カテゴリー別記事数	Metric	期間間のカテゴリー別の記事数を数値で確認し、 直感的に把握します。
カテゴリーのコントロールパネル	Controls	クエリの記載なしで Dashboardの表示を絞ります。
ブログのデータテーブル	Discover	データの詳細情報（集約していない情報） を確認します。

1.4.1 カテゴリーの割合

該当するブログに含まれるカテゴリーの割合を調べます。

存在している比率を直感的に確認したい場合は、円グラフ（Pie Chart）がよいでしょう。作成には「Visualize」から「Pie Chart」を選択します。Visualizeの設定項目は表1.4です。標準と同じ設定は記載を省略します。

表1.4: 円グラフ作成時の設定項目

設定項目	設定内容
Aggregation	Terms
Field	category.keyword
Size	20

表1.4の記載どおりに設定した結果を図1.3に示します。

図1.3: ブログ内記事のカテゴリー割合

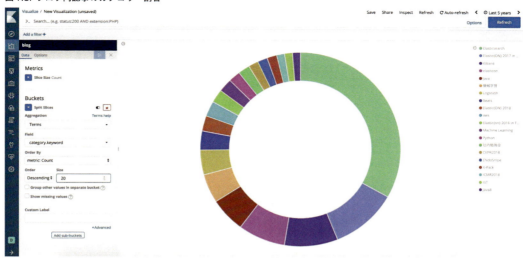

　Elasticsearch、Javaといったカテゴリーが上位になっています。また、Hadoopや機械学習といったデータ分析の分野も上位に含まれています。ただし、円グラフでは時系列による傾向の遷移は確認できません。たとえば、3年前と直近1ヶ月を一つのVisualizeで比較できません。

　次に紹介するTime Series Visual Builderで、時間別のカテゴリー遷移を確認してみましょう。

1.4.2　カテゴリーと時間の遷移

　ブログに書く技術の要素は変わります。当社のブログはここ数年、Elasticsearchに関するものが増加している印象があります。そこで、Time Series Visual Builderを用いて、時期によるカテゴリーの移り変わりを調べてみます。Time Series Visual BuilderはElasticsearchの集約機能（Aggregation）を活用した時系列の可視化機能です。

　表1.5のとおりに設定します。

表1.5: TimeSeriesVisualBuilderの設定項目

設定項目	設定内容
Group By	Terms
By	category.keyword
Time Field(Panel Options)	date

図1.4: カテゴリー別の数の時間遷移

　2016年1月頃からElasticsearchの記事が徐々に増えています。また、スパイクになっている箇所である2017年3月頃は、Elastic{ON}の開催時期でした。このため毎日のように参加者が記事を執筆していました。このようにいつどこで記事が掲載されているのかと、いった情報を確認できるため、新しい発見の助けになります。

1.4.3　タグクラウドを作成する

　タグクラウドは文章中に含まれる頻出単語を可視化する機能です。出現頻度の大小を、文字のサイズの大小で表現します。たとえば、「elasticsearch」の出現回数が高ければ、「elasticsearch」の文字が大きく表示されます。文字の大きさで比較できるため、他のVisualizeと比較して直感的に表現できます。

　本章では、タイトルをタグクラウドで可視化します。タイトルは記事内容で伝えたい情報が集約されていることが多いため、記事の特徴を捉えた単語を可視化できます。可視化は「Visualize」を選択し、「Tag Cloud」を選択すると表示されます。設定項目は表1.6です。

表1.6: タグクラウド作成時の設定項目

設定項目	設定内容
Aggregation	Terms
Field	title
Size	75

　設定項目の「Field」は「title」を選択してください。今回は「.keyword」なしのtitleを設定します。これは、タイトルの単語の傾向を調べるために、kuromojiでは分割した単語に基づいた解析が必要なためです。「.keyword」ありのtitleを設定する場合、タイトル全体で一つの単語として扱われるため、今回は適しません。設定の結果は図1.5のとおりです。

図1.5: タイトルのタグクラウド

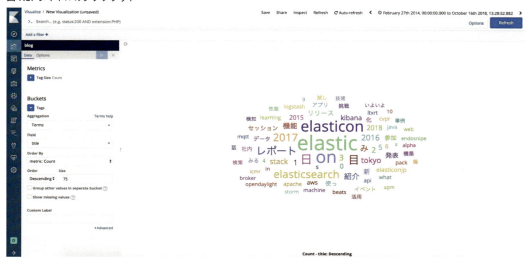

　まずは、タグクラウドを作成しました。「アプリ」「参加」「社内」「構築」といった単語が見えます。しかし、これらは技術ブログではない一般的なブログでも利用される単語であるため、このブログの特徴とはあまり関係がありません。

　日本語では、短い単語が一般的な単語になりやすい特徴があります。そのため、1~3文字の単語は特徴と関係ない場合が多いです。そのため、一般的な単語や1~3文字の単語、数字を表示から省き、重要度の高い単語を残します。「Advanced」の部分を展開すると「Exclude」を入力する項目があります。「Exclude」には正規表現を入力することができます。

　例として、年を示す数字や短い数字や1~3文字の単語を省いてみましょう。「Exclude」欄に「[0-9]{1,4}|.|..|...」を入力します。Excludeした結果を図1.6に示します。

図1.6: 除去済のタイトルのタグクラウド

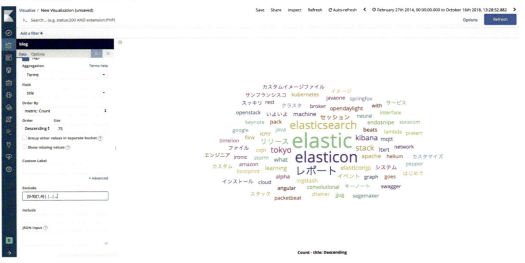

elastic, elasticsearch、elasticonといった単語が大きく表示されています。タグクラウドからElasticsearch系の技術に力を入れていることがわかります。更には、graphやstorm、icmrやcvprなども大きく表示されています。タグクラウドからひと目でどのような技術に力を入れているかがわかります。

　次にブログの本文を解析します。本文では関連技術を含めた、多くの用語が含まれます。そのため、タイトルと異なる傾向が見えることが期待されます。本文で作成するタグクラウドで設定するパラメータは表1.7です。

表1.7: 本文のタグクラウドの設定

設定項目	設定内容
Aggregation	Terms
Field	body
Size	50

図1.7: 本文のタグクラウド

　本文を解析した結果を図1.7に示します。

図 1.8: 除去済の本文のタグクラウド

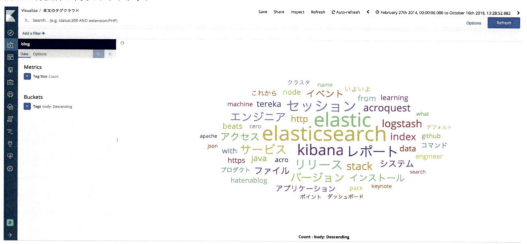

定型的なワード（「こんにちは」など）、一般的な指示語、そして数字が含まれています。そのため、特徴的な単語を見つけるために不要な単語をタイトルと同じように除去する必要があります。本文では「Exclude」の項目に「[0-9]|1,4|||...|こんにちは|ください」を設定します。設定した結果は次の図になります。

elasticsearch, kibana などのプロダクト、執筆した著者の名前、その他技術ブログの単語が含まれています。elasticsearch の記事が非常に多いことが、本文の解析からも伺えます。タイトルと比較して、本文で使われている特徴的な単語（type、with、json）などを拾えます。

1.4.4 コントローラの作成

コントローラを作成します。コントローラは、Visualize からフィルター（例：特定のデータのみを残す処理）を操作できます。ここではカテゴリーが「Elasticsearch」のみを対象に分析することとします。Dashboard 上でクエリを記載しても実現可能ですが、フィルターを Visualize から操作できた方が簡単です。このようなケースに対応するため、コントローラを準備します。「Visualize」→「New」→「Controls」を選択すると、「Range slider」と「Options list」のふたつのコンポーネントの作成ができます。本章で準備するのは「Options list」です。表1.8のとおりに設定します。

表 1.8: 設定

設定項目	設定内容
Control Label	Category
index Pattern	blog
Field	category.keyword

設定後のコントローラを図1.9に示します。コントローラを操作することで、Dashboard 上の他の Visualize の表示項目をフィルタリングできます。

図 1.9: 作成したコントローラ

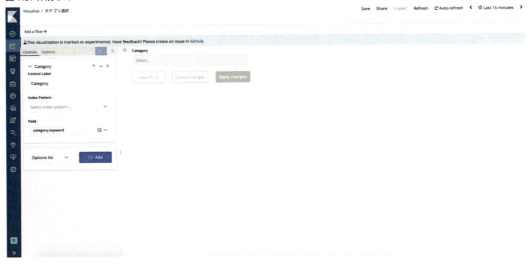

1.4.5 ひと目でわかる数値情報の表示

　ここまで、ブログをKibana上でグラフとして表示しました。しかし、グラフではなくシンプルな数値を可視化したいケースもあります。

　たとえば、過去2年間で公開された記事数を可視化したい場合、グラフでは一目で数値が分かりません。その場合は一目で理解が可能なメトリクスは非常に有用です。ここでは、期間内の記事数を可視化します。

　Visualizeを開いたらすでにブログ数をカウントする表示になっているので、その状態でVisualizeを保存します。「Metrics」の「Metric」を「Count」に設定します。設定したVisualizeを図1.10に示します。この設定で期間内の記事数を表示できます。

図 1.10: 記事数

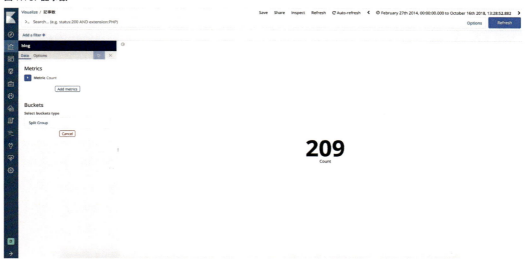

　また、さきほどのブログ全体の記事数を表示するだけではなく、グループ別に表示することも可能です。たとえば、カテゴリー別に記事数を表示できます。この設定を表1.9に示します。

表 1.9: 設定

設定項目	設定内容
Aggregation	Terms
Field	category.keyword

　グループ別で表示した図を図1.11に示します。カテゴリー数が多い順番に数値で表示されています。直近ではElasticsearchが群を抜いて多く、次もElastic{ON}の記事です。また、Kibanaも表示されており、大半がElastic Stackの記事であることが伺えます。

図1.11: カテゴリー別記事数のメトリクスの図

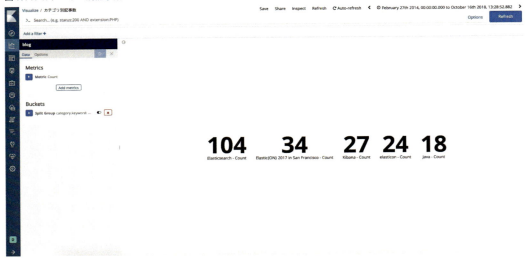

1.4.6 テーブルの作成

最後にテーブルを作成します。

これまでグラフや数値を表示するVisualizeを作成しました。しかし、グラフや数値は集約された結果であるため、もともと保持している解析前の情報が欠落します。今回は、Discoverを用いて加工前のデータを可視化します。

Discoverの画面を開き、左側の項目をクリックします。左側の項目をクリックすることで、テーブルに選択した項目を残します。「title」「category」「body」をクリックした結果を図1.12に示します。この状態で、「Save」をクリックし、保存します。

図1.12: ブログのデータテーブル

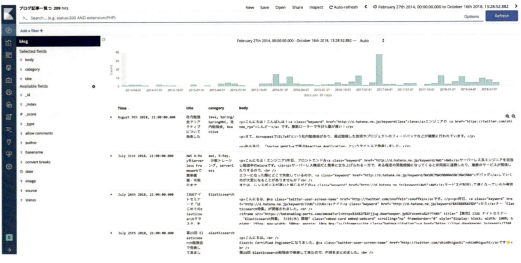

1.4.7 Dashboardの作成

最後にDashboardを作成します。

作成したVisualizeを組み合わせ、一画面に表示したものがDashboardです。Dashboardでは、全体像を示すVisualizeを上段に、詳細を確認するVisualizeを下段に配置します。これは、Dashboardを見たときにまず全体像を確認したいためです。逆にテーブルのように詳細を表示するものを確認する機会は少ないので、下段に配置します。Dashboardを構築した結果を図1.13に示します。

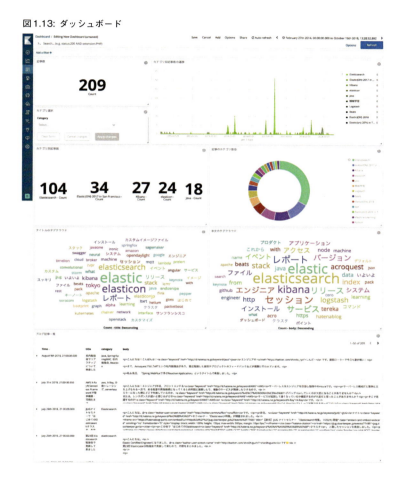

図1.13: ダッシュボード

このダッシュボードに対して、コントローラを適用します。作成したコントローラでカテゴリー「Elasticsearch」を選択します。選択した場合に図1.14で示すとおり、表示が切り替わります。

図1.14: フィルター後のダッシュボード

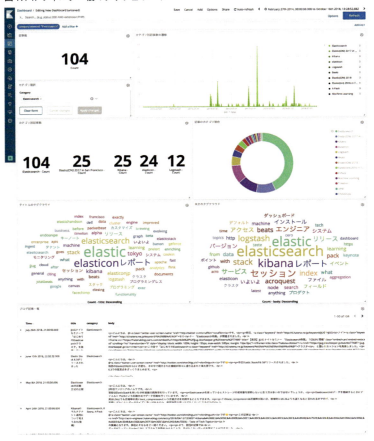

1.5 まとめ

　本章では、Elasticsearch・Kibana・Pythonを用いたブログ記事の分析を行いました。Elasticsearchに関しては、Kuromojiプラグインの設定方法を説明しました。また、Kibanaに関してはさまざまなVisualizeの設定方法と、Dashboardの設定方法を説明しました。作成したDashboardを使えば、ブログ内容の分析ができます。

　この先の発展として、アクセス数の情報を連携させることで人気記事の傾向を分析したり、日本語解析を発展させる（本書第2章「日本語検索エンジンとしてのElasticsearch」参照）ことで、より深い分析ができます。本章の分析は一例ですので、実際に手を動かし、さらに一歩先の分析を深めていってください。

第2章　日本語検索エンジンとしてのElasticsearch

||||||||||||||||||||||||||||||||||||||||||||||||||||||||||||||||||||||||||||||||||||||||||||||||||||||||||||||

Elasticsearchが扱えるデータには、アクセスログ、センサーデータ、システムメトリックなどさまざまなものがあります。自然言語もそのひとつです。むしろ全文検索エンジンと聞くと、真っ先に思い浮かべるのが自然言語ではないでしょうか。Elasticsearchの高度な検索は、さまざまな検索サービスのバックエンドとして利用されています。

しかし、日本語の全文検索にはさまざまな困難さがつきまといます。たとえば、欲しいものがヒットしない、余計なものがヒットする……。実際にはなかなか思い通りに検索できません。主な原因として、日本語自体の扱いが難しいということが挙げられます。

そこで、本章では全文検索でよくある課題を紹介し、その課題を解決するべく生まれた形態素解析器のSudachiについて解説します。

||||||||||||||||||||||||||||||||||||||||||||||||||||||||||||||||||||||||||||||||||||||||||||||||||||||||||||||

2.1　全文検索とは

　全文検索を簡単に説明すると、「複数の文書ファイルから特定の文字列を検索すること」です。例として一番真っ先に思い浮かぶのは、GoogleやYahoo!検索でしょうか。また、Linuxのgrepコマンドも全文検索のひとつです。

　しかし、Googleの検索とgrepコマンドでは使用している技術が違います。全文検索技術には**逐次検索**と**索引検索**の2種類があります。

2.1.1　逐次検索

　逐次検索は、シンプルに文書ファイルを順次走査し、検索対象の文字列を探し出すことを指します。Linuxコマンドのgrepコマンドなどがわかりやすい例です。デメリットは、検索対象の文書ファイルが膨大になると、検索速度が低下する点です。

2.1.2　索引検索

　索引検索は、**転置インデックス**を作成することで、大量の文書ファイルを高速に検索する技術です。転置インデックスは、どのキーワード（見出し語）がどの文書にあるのかを記憶します。索引検索では、検索対象の文書の転置インデックスを事前に作成する必要があります。この処理のことを**インデクシング**と呼びます。

　転置インデックスを作成する際、見出し語の抽出方法は複数あります。たとえばNgramは文書を文字単位で分割し、連続したN文字を見出し語とて抽出する手法です。また、手法として形態素解析を用いる場合もあります。その場合、日本語の形態素を見出し語として抽出します。

このように、あらかじめ見出し語を抽出し、どの文書に存在しているのかを逆引きできるように記憶しておく手法が索引検索です。

2.2 全文検索のよくある課題

全文検索技術について簡単に紹介しましたが、日本語での全文検索にはさまざまな課題があります。

2.2.1 表記揺れ

表記揺れとは、同じ単語でも字体や送り仮名などが書く人によって異なることを言います。

よくある例としては、「忌引き・忌引」や「慶応・慶應」などがあります。これらの単語は両方とも正しいですし、同じ意味の単語として検索にヒットさせる必要があります。しかし、転置インデックスには単語単位で登録されるので、「忌引き」で検索しても「忌引」はヒットしません。

図2.1: 表記揺れ

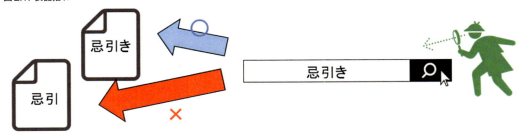

2.2.2 複数単語の組み合わせによる固有の単語

複数単語の組み合わせによる固有単語を検索する場合も、課題があります。

たとえば「関西国際空港は1994年9月4日に開港した」という内容のドキュメントを検索したいとします。一般的に、「関西国際空港」という検索ワードは「関西」「国際」「空港」に分割され、それぞれ検索されます。そのため、「関西」のみが含まれるドキュメントもヒットしてしまい、検索結果に「空港」とは関係ないものが多く含まれてしまいます。

※正確に言えば、この問題はフレーズ検索を用いることで回避できますが、本書では言及しないこととします。

図2.2: 複数単語検索

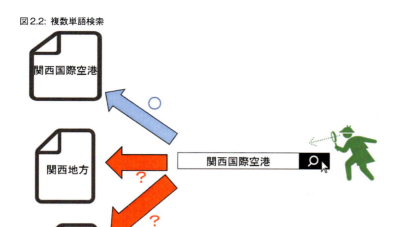

　一般的な対策としてはユーザー辞書を使用します。辞書に単語とその単語の区切り方を指定することで、単語を分割せずに形態素解析できます。たとえば、「関西国際空港」を「関西」「国際」「空港」に分割せず、「関西国際空港」という見出し語として抽出します。
　一方、この方法では「関西」で検索してもドキュメント中の「関西国際空港」という単語でヒットしなくなる、という問題が生まれます。

図2.3: 固有単語の検索

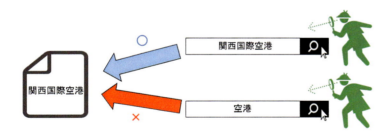

2.3　対策

　これらの問題については次の対策が考らえます。

表2.1: 検索システムの課題と対策

課題	対策
表記揺れ	考えられる表記揺れをすべてシノニム（同義語）辞書に登録する
固有単語	固有語をユーザー辞書に登録する + Ngram分割

しかし、これらの方法では、表記揺れと固有語をそれぞれすべてカバーする辞書が必要です。当然、辞書が膨大になれば作成が大変になり、更新の頻度も多くなるので運用が大変です。

ここまで検索システムのよくある課題とその対策について解説しましたが、依然として運用の大変さなどの課題を残しています。しかし、2017年、そんな検索システムの課題を解決しうる新しい形態素解析器がリリースされました。その名も「Sudachi」です。

2.4　Sudachiとは

Sudachiとは、ワークスアプリケーションズが開発元になっているOSSの形態素解析器です。「商用利用に耐えうる形態素解析器」という謳い文句のとおり、検索システムにとってうれしい機能を数多く備えています。

本章では、検索システムにとってうれしいSudachiの機能を紹介します。

2.4.1　表記揺れへの対応

Sudachiは形態素に分割する際に単語の表記揺れを正規化してくれます。たとえば、「忌引」という単語を「忌引き」という単語に直した状態で分割します。次のようにElasticsearchのAnalyze APIを使うと、どのように解析されるか確認できます。

```
GET /sudachi_analyze/_analyze
{
  "analyzer": "sudachi_analyzer",
  "text": "値段の見積りを行う"
}
```

次のように、JSON形式でレスポンスが返ってきます。

```
{
  "tokens": [
    {
      "token": "値段",
      "start_offset": 0,
      "end_offset": 2,
      "type": "word",
      "position": 0
    },
    {
      "token": "の",
      "start_offset": 2,
      "end_offset": 3,
```

32　第2章　日本語検索エンジンとしてのElasticsearch

```
      "type": "word",
      "position": 1
    },
    {
      "token": "見積もり",
      "start_offset": 3,
      "end_offset": 6,
      "type": "word",
      "position": 2
    },
    {
      "token": "を",
      "start_offset": 6,
      "end_offset": 7,
      "type": "word",
      "position": 3
    },
    {
      "token": "行う",
      "start_offset": 7,
      "end_offset": 9,
      "type": "word",
      "position": 4
    }
  ]
}
```

　このように、「見積り」が「見積もり」に正規化されています。この機能によって、検索対象の文書内で表記揺れがあっても、同じ単語として検索できます。これまで、表記揺れに対応するためには大量の語彙を備えた同義語辞書を作成して運用する必要がありましたが、Sudachiを使えばそのような煩わしさは解消されます。

　次に字体の違いが、どのように解析されるか確認してみます。

```
GET /sudachi_analyze/_analyze
{
  "text": "慶應",
  "analyzer": "sudachi_analyzer"
}
```

　字体の違いも、同じ見出し語として正規化されます。

第2章　日本語検索エンジンとしてのElasticsearch　│　33

```
{
  "tokens": [
    {
      "token": "慶応",
      "start_offset": 0,
      "end_offset": 2,
      "type": "word",
      "position": 0
    }
  ]
}
```

良く使われる英単語（この場合は「interface」）は、どのように解析されるでしょうか。

```
GET /sudachi_analyze/_analyze
{
  "text": "interface",
  "analyzer": "sudachi_analyzer"
}
```

良く使われる英単語は、カタカナ語として正規化されます。

```
{
  "tokens": [
    {
      "token": "インターフェース",
      "start_offset": 0,
      "end_offset": 9,
      "type": "word",
      "position": 0
    }
  ]
}
```

よく見かける表記誤りは、どのように解析されるでしょうか。

```
GET /sudachi_analyze/_analyze
{
  "text": "シュミレーション",
  "analyzer": "sudachi_analyzer"
}
```

34 | 第2章 日本語検索エンジンとしての Elasticsearch

よくある表記誤りは、正しい表記として正規化されます。

```
{
  "tokens": [
    {
      "token": "シミュレーション",
      "start_offset": 0,
      "end_offset": 8,
      "type": "word",
      "position": 0
    }
  ]
}
```

2.4.2 複数単位での単語分割

　Sudachiのもうひとつの機能として、複数単位での単語分割が挙げられます。SudachiにはAモード、Bモード、Cモードという分割単位があります。Aモードは最も細かい分割単位で、UniDicの短単位で単語を分割します。Cモードは逆に最も粗い分割モードで、固有表現レベルの単位で単語を分割します。BモードはAとCの中間の粒度になります。これらのモードを使い分けることで、より検索精度を上げることができます。

　先ほどの「関西国際空港」のような複数単語の組み合わせによる固有の単語については、kuromojiのmodeをsearchに設定することでも対応が可能です。「関西、関西国際空港、国際、空港」というトークンを生成することで、「関西」「関西国際空港」のいずれの検索ワードでもヒットさせることができます。

　SudachiはKuromojiとは異なるアプローチを取っています。Kuromojiのsearch modeが「形態素＋単語全体」という形でトークンを生成するのに対し、Sudachiは分割粒度A・B・Cを組み合わせて利用します。たとえば、「医薬品安全管理責任者」を例にとると、各モードでは次のように分割されます。

表2.2: 各モード

モード名	分割結果
Aモード	医薬　品　安全　管理　責任　者
Bモード	医薬品　安全　管理　責任者
Cモード	医薬品安全管理責任者

　この複数の分割モードの併用によって、複数単語を組み合わせた固有単語にも、単語全体でもヒットしてさらに部分単語でもヒットするということが可能になります。Elasticsearch PluginのSudachiではモードA,Cの使用が可能です。

第2章　日本語検索エンジンとしてのElasticsearch ┃ 35

2.5 Sudachiを使ってみる

これまで、全文検索の課題から解決策としてSudachiの機能を紹介してきましたが、本章では実際にElasticsearchからSudachiを使ってみましょう。

SudachiのElasticsearchへのインストール方法は@soramiさんのQiita記事が分かりやすいのでぜひ参考にしてください。

https://qiita.com/sorami/items/99604ef105f13d2d472b

2.5.1 Analyzerを設定する

それではまずanalyzerの設定をしていきましょう。Elasticsearchでインデクシングする際、内部では次のように処理しています。

図2.4: 処理順

そのため、Elasticsearchではchar_filter、tokenizer、token_filterの3つの設定が必要になります。それでは順を追って設定していきましょう。

まずは、tokenizerの設定です。Sudachiでtokenizerを設定する際は次のように設定します。

```
{
  "settings": {
    "analysis": {
      "tokenizer": {
        "sudachi_tokenizer": {
          "mode": "search",
          "settings_path": "/etc/elasticsearch/sudachi/sudachi.json",
          "resources_path": "/etc/elasticsearch/sudachi",
          "type": "sudachi_tokenizer",
          "discard_punctuation": "false"
        }
      }
    }
  }
}
```

基本的な書き方は、kuromoji_tokenizerと変わりません。変わったのは、settings_pathとresources_pathが必要な点です。settings_pathはSudachiの設定ファイルであるsudachi.jsonのpathを指定します。そして、resources_pathはSudachiの辞書ファイルが配置されているpathを指定します。

　また、modeの項目では"normal"、"extend"、"search"の3つが選択可能です。これらはSudachiの分割モードと未知語への対応方法で区別されています。

表2.3: Sudachiのmodeの動作

type	分割モード	未知語の処理	例
normal	Cモード	一単語として処理	関西国際空港/アバラカ
search	A＋Cモード	一単語として処理	関西国際空港,関西,国際,空港/アバラカ
extended	A+Cモード	一単語＋unigram	関西国際空港,関西,国際,空港/アバラカ,ア,バ,ラ,カ

　これらのうち検索要件にあったものを選択します。特殊なケースでなければ、searchを使用します。

　searchモードを使用することで複数の単語を組み合わせた固有の単語でも、元の単語＋分解した単語でインデクシングできます。これにより、「関西国際空港」の例もうまく検索することが可能になります。

　discard_punctuationは句読点を含めるかどうかの設定です。trueの場合は含めないという設定になります。デフォルトはtrueですが、今回は次に出てくるpart_of_speechの動作を確認するためfalseに設定します。

　次にtoken_filterを設定します。token_filterはtokenizerで分割した各tokenに施す処理を定義します。Sudachiでは次のfilterが用意されています。

1．sudachi_part_of_speech：指定した品詞を取り除くfilter
2．sudachi_ja_stop：指定した単語を取り除くfilter
3．sudachi_baseform：tokenを原形に正規化するfilter
4．sudachi_readingform：tokenをカタカナの読みやローマ字に変形するfilter

　今回は1と2のfilterを使ってみましょう。readingformは少し使うケースが特殊なので、今回は対象外とします。

sudachi_part_of_speech

　まず、sudachi_part_of_speechを設定します。

　part_of_speechを設定したsettings全体は次のようになります。

```
{
  "settings": {
    "analysis": {
      "tokenizer": {
        "sudachi_tokenizer": {
```

第2章　日本語検索エンジンとしてのElasticsearch ｜ 37

```
        "mode": "search",
        "settings_path": "/etc/elasticsearch/sudachi/sudachi.json",
        "resources_path": "/etc/elasticsearch/sudachi",
        "type": "sudachi_tokenizer",
        "discard_punctuation": "false"
      }
    },
    "filter": {
      "pos_filter": {
        "type": "sudachi_part_of_speech",
        "stoptags": [
          "助詞",
          "助動詞",
          "補助記号,句点",
          "補助記号,読点"
        ]
      }
    },
    "analyzer": {
      "sudachi_analyzer": {
        "filter": [
          "pos_filter"
        ],
        "tokenizer": "sudachi_tokenizer",
        "type": "custom"
      }
    }
  }
}
```

　pos_filter の中で、sudachi_part_of_speech を設定しています。内容としては、stoptags で取り除く品詞を設定しています。Sudachi で定義している品詞にはどのような種類があるのか、次のサイトに記載があります。

- https://github.com/WorksApplications/elasticsearch-sudachi/blob/develop/src/main/resources/com
　/worksap/nlp/lucene/sudachi/ja/stoptags.txt

||||||||||||||||||||||||||||||||||||||||||||||||||||||||||||||||||||||||||||||||||||||||||||||||||||||||||

Sudachi の part_of_speech でうれしいのは、stoptags の中で品詞の前方一致を使用できることです。Kuromoji や Sudachi の品詞は「助詞,係助詞」のように階層として定義されています。Kuromoji の場合、品詞を指定する際は階層すべてを記載する必要があります。しかし、たとえば助詞すべてを除去したい場合は助詞の種類をすべて記述する必要があります。しかし、

Sudachiの場合は助詞と記述するだけで、助詞すべてを指定することができます。

‖‖‖

sudachi_ja_stop

次にsudachi_ja_stopを設定します。

sudachi_ja_stopを追加した設定は次のようになります。

```
{
  "settings": {
    "analysis": {
      "tokenizer": {
        "sudachi_tokenizer": {
          "mode": "search",
          "settings_path": "/etc/elasticsearch/sudachi/sudachi.json",
          "resources_path": "/etc/elasticsearch/sudachi",
          "type": "sudachi_tokenizer",
          "discard_punctuation": "false"
        }
      },
      "filter": {
        "pos_filter": {
          "type": "sudachi_part_of_speech",
          "stoptags": [
            "助詞",
            "助動詞",
            "補助記号,句点",
            "補助記号,読点"
          ]
        },
        "word_filter": {
          "type": "sudachi_ja_stop",
          "stoptags": [
            "_japanese_",
            "は"
          ]
        }
      },
      "analyzer": {
        "sudachi_analyzer": {
          "filter": [
```

第2章　日本語検索エンジンとしてのElasticsearch ｜ 39

```
            "pos_filter",
            "word_filter"
          ],
          "tokenizer": "sudachi_tokenizer",
          "type": "custom"
        }
      }
    }
  }
}
```

　sudachi_part_of_speechは品詞ベースの除去でしたが、sudachi_ja_stopは単語ベースの除去になります。stoptagsの中で取り除く単語を指定します。これにより、_japanese_はSudachiにあらかじめ登録されている日本語のストップワードを除去してくれます。登録されている単語の一覧は、次のサイトにあります。

・https://github.com/WorksApplications/elasticsearch-sudachi/blob/develop/src/main/resources/com
　/worksap/nlp/lucene/sudachi/ja/stopwords.txt

これは、主に品詞ベースでは対処しきれない単語の除去に使用されます。

2.5.2　Analyze APIにかけてみる

　それでは、これまでに設定したsettingsを利用してAnalyze APIにかけてどのように形態素解析されるのか確かめてみましょう。
　「ぎじゅつは、おもしろい。」という文章で確認します。

```
GET /sudachi_analyze/_analyze
{
  "text": "ぎじゅつは、おもしろい。",
  "analyzer": "sudachi_analyzer"
}
```

　すると、次のようなレスポンスが返ってきます。

```
{
  "tokens": [
    {
      "token": "技術",
      "start_offset": 0,
      "end_offset": 4,
      "type": "word",
      "position": 0
```

40　　第2章　日本語検索エンジンとしてのElasticsearch

```
        },
        {
            "token": "面白い",
            "start_offset": 6,
            "end_offset": 11,
            "type": "word",
            "position": 3
        }
    ]
}
```

正規化されたうえで、「は」や「、」などが取り除かれていることがわかります。

以上がSudachiの基本的な使い方になります。今まで手の届かなかった部分が、Sudachiを使うと手間いらずで実現できるようになります。より精度の高い検索を目指す方は、ぜひ一度試してみることをお勧めします。

2.6 SudachiのTips

これまでは検索の課題とSudachiの基本的な使い方を紹介しましたが、本章ではSudachiにもう少し踏み込んだ内容を紹介します。

2.6.1 Sudachiの辞書の内部を見てみよう

Sudachiの特色として、短単位の単語辞書であるUniDicと、新語も載っている辞書であるNEologdベースの充実した独自の辞書を持っていることが挙げられます。そこで、内部の辞書の構造がどのようになっているのかを見てみましょう。辞書は次のURLから見ることができます。

・https://github.com/WorksApplications/Sudachi/blob/develop/dictionary/core_lex.csv

この一部を引用すると、次のようになっています。

```
技術,5146,5146,5720,技術,名詞,普通名詞,一般,*,*,*,ギジュツ,技術,*,A,*,*,*
技術力,5146,5825,11406,技術力,名詞,普通名詞,一般,*,*,*,ギジュツリョク,技術
力,*,B,888590/504673,*,888590/504673
技術士,5146,5774,11924,技術士,名詞,普通名詞,一般,*,*,*,ギジュツシ,技術
士,*,B,888590/636191,*,888590/636191
技術家,5146,5831,10682,技術家,名詞,普通名詞,一般,*,*,*,ギジュツカ,技術
家,*,B,888590/707949,*,888590/707949
技術屋,5146,5771,9000,技術屋,名詞,普通名詞,一般,*,*,*,ギジュツヤ,技術
屋,*,B,888590/738265,*,888590/738265
技術工,5146,5774,9000,技術工,名詞,普通名詞,一般,*,*,*,ギジュツコウ,技術
工,*,B,888590/782345,*,888590/782345
技術書,5146,5839,11643,技術書,名詞,普通名詞,一般,*,*,*,ギジュツショ,技術
```

```
書,*,B,888590/974271,*,888590/974271
```

　ここで注目すべきは、カンマ区切りの最後の4カラムです。AやBと書かれた後にスラッシュで数字が区切られています。これがSudachiで複数単位での分割の設定になります。

　4つの最初のカラムは、その単語がどのモードの単語に相当するのかを表しています。たとえば「技術力」はBモードの単語なので、Bと設定されています。

　そのあとの3つのカラムは、その単語の構成情報になります。「888590/504673」のスラッシュで区切られている数字は単語のID（辞書内の行番号）です。このカラムでは「技術力」という単語が「技術」（ID = 888590）と「力」（ID = 504673）で構成されていることを表しています。このように単語の構成情報を辞書内に載せることで、複数単位で分割することが可能になっています。

　また、単語の正規化も辞書内で定義されています。たとえば「見積」という単語の行を見てみると、次のようになっています。

```
見積,5142,5142,7296,見積,名詞,普通名詞,一般,*,*,*,ミツモリ,見積もり,*,A,*,*,*
```

　この行の13カラム目を見てみると、「見積もり」となっています。つまり、正規化した際にどうなるかの情報が13カラム目になります。

　このように辞書内部を見てみると、どのように形態素解析されているのかがわかって楽しいですね。

2.6.2　ユーザー辞書を使ってみる

　検索システムを運用する際に必須になるユーザー辞書ですが、Sudachiではどのように適用するのでしょうか。ここでは、簡単に適用方法を紹介していきます。

　今回は「技術書典」という単語を例にとって紹介していきます。まず、デフォルトのanalyzeを行ってみます。

```
GET /sudachi_analyze/_analyze
{
  "text": "技術書典",
  "analyzer": "sudachi_analyzer"
}
```

　次のようなレスポンスになります。

```
{
  "tokens": [
    {
      "token": "技術書",
```

42　　第2章　日本語検索エンジンとしてのElasticsearch

```
      "start_offset": 0,
      "end_offset": 3,
      "type": "word",
      "position": 0,
      "positionLength": 2
    },
    {
      "token": "技術",
      "start_offset": 0,
      "end_offset": 2,
      "type": "word",
      "position": 0
    },
    {
      "token": "書",
      "start_offset": 2,
      "end_offset": 3,
      "type": "word",
      "position": 1
    },
    {
      "token": "典",
      "start_offset": 3,
      "end_offset": 4,
      "type": "word",
      "position": 2
    }
  ]
}
```

「技術書」と「典」に分かれてしまっていますね。そこで「技術書典」と一単語で認識されるようにユーザー辞書を作成します。

まずは、次のように記述した辞書ソースをsample.csvという名前で用意します。

```
技術書典,5146,5146,8000,技術書典,名詞,普通名詞,一般,*,*,*,ギジュツショテン,技術書
典,*,*,*,*,*
```

作成後、次のコマンドでバイナリ辞書にコンパイルします（実際には1行で入力してください）。

第2章　日本語検索エンジンとしての Elasticsearch　43

```
java -Dfile.encoding=UTF-8 -cp sudachi-0.1.1-20180704.051352-40.jar
com.worksap.nlp.sudachi.dictionary.UserDictionaryBuilder
system_full.dic sample.csv sample.dic
```

その結果sample.dicというファイルが生成されたことを確認します。

このバイナリ辞書をresource_pathで指定したディレクトリー（今回は/etc/elasticsearch/sudachi）に配置します。

そして、sudachi.jsonに以下を追記します。

```
"userDict" : [ "sample.dic" ]
```

ユーザー辞書の設定は以上になります。まず、Indexをcloseしてopenしなおすことで設定を反映します。

```
POST /sudachi_analyze/_close
POST /sudachi_analyze/_open
```

それでは実際に再びanalyzeを試してみましょう。

```
GET /sudachi_analyze/_analyze
{
  "text": "技術書典",
  "analyzer": "sudachi_analyzer"
}
```

今度は、次のようなレスポンスになります。

```
{
  "tokens": [
    {
      "token": "技術書典",
      "start_offset": 0,
      "end_offset": 4,
      "type": "word",
      "position": 0
    }
  ]
}
```

しっかり「技術書典」の一単語で認識されています。

44 ┃ 第2章 日本語検索エンジンとしてのElasticsearch

このようにユーザー辞書はコンパイル後に適用可能です。

2.7　まとめ

本章では、全文検索の課題の紹介と、その解決策としてSudachiの解説を行いまいした。日本語の全文検索は言語特有の問題が多く難しいのですが、その反面とても面白い分野でもあります。皆さんも全文検索にぜひ挑戦してみてください。

第3章　Elasticsearch SQL

||||||||||||||||||||||||||||||||||||||||||||||||||||||||||||||||||||||||||||||||||||||||||||||||||||||||||

本章では、Elasticsearch6.3から追加された機能であるSQLについて紹介します。SQLの導入により、Elasticsearchに対して検索クエリを発行する方法の幅が広がりました。これまでElasticsearchを検索する場合は、独自のクエリ言語を理解する必要がありましたが、すでに馴染みある人が多いSQLに対応したことでより利用しやすくなっています。ここでは、Elasticsearch SQLの概要および機能の詳細、仕組みなどについて説明します。

||||||||||||||||||||||||||||||||||||||||||||||||||||||||||||||||||||||||||||||||||||||||||||||||||||||||||

3.1　Elasticsearch SQLの基本機能

　Elasticsearch SQLは、Elasticsearchの全文検索機能を活かした軽量な実装になっています。Read-onlyの機能となっており、SQLの構文を用いてElasticsearch内のドキュメントにアクセスできます。Elasticsearch SQLで実行できるコマンドは次のとおりです。

表3.1: SQLコマンド一覧

コマンド名	説明
SHOW TABLES	indexおよびaliasの一覧を表示する。
SHOW COLUMNS	index中のfield一覧を表示する。
DESCRIBE TABLE	SHOW COLUMNSのエイリアス。
SELECT	indexの中からデータを取り出す。
SHOW FUNCTIONS	利用できる関数の一覧を表示する。

　ドキュメントの登録や変更などの操作は2019年1月現在、サポートされていないことに注意が必要です。

3.2　基本的なSQLとAPIの使い方

3.2.1　基本的な使い方

　ここでは実際に、Elasticsearch SQLと、そのAPIの使い方について紹介します。

　REST APIのエンドポイントからElasticsearch SQLを利用するには、次のようなリクエストを発行します。

```
GET _xpack/sql
{
  "query": "実行したいSQLコマンドの内容"
```

```
}
```

たとえばSHOW TABLESを実行する場合には次のようになります。

```
GET _xpack/sql
{
  "query":"SHOW TABLES"
}
```

次のように、JSON形式でレスポンスが返ってきます。

```
{
  "columns": [
    {
      "name": "name",
      "type": "keyword"
    },
    {
      "name": "type",
      "type": "keyword"
    }
  ],
  "rows": [
    [
      ".kibana",
      "ALIAS"
    ],
    [
      ".kibana_1",
      "BASE TABLE"
    ],
    [
      "kibana_sample_data_ecommerce",
      "BASE TABLE"
    ],
    [
      "kibana_sample_data_flights",
      "BASE TABLE"
    ],
    [
      "kibana_sample_data_logs",
```

第3章　Elasticsearch SQL | 47

```
      "BASE TABLE"
    ],
    [
      "metricbeat-6.6.1-2019.03.06",
      "BASE TABLE"
    ]
  ]
}
```

　この形式はプログラミング言語で処理するには扱いやすいのですが、人間にとっては理解しづら
いです。そこで、リクエストパラメータとしてformat=txtと指定すると、表形式で見やすいレスポ
ンスが返ってきます。

```
GET _xpack/sql?format=txt
{
  "query":"SHOW TABLES"
}
```

```
            name             |      type
-----------------------------+---------------
.kibana                      |ALIAS
.kibana_1                    |BASE TABLE
kibana_sample_data_ecommerce |BASE TABLE
kibana_sample_data_flights   |BASE TABLE
kibana_sample_data_logs      |BASE TABLE
metricbeat-6.6.1-2019.03.06  |BASE TABLE
```

　また、CSV形式もサポートされており、リクエストパラメータとしてformat=csvと指定します。

```
GET _xpack/sql?format=csv
{
  "query":"SHOW TABLES"
}
```

　レスポンスは次のような形になります。

```
name,type
.kibana,ALIAS
```

```
.kibana_1,BASE TABLE
kibana_sample_data_ecommerce,BASE TABLE
kibana_sample_data_flights,BASE TABLE
kibana_sample_data_logs,BASE TABLE
metricbeat-6.6.1-2019.03.06,BASE TABLE
```

3.2.2　ドキュメントの検索

　それでは、indexに登録されているドキュメントを検索してみます。.kibanaという名称のindex
から、dashboard名の一覧を取得する場合、次のようなクエリになります。

```
GET _xpack/sql?format=txt
{
  "query":"""
  SELECT dashboard.title FROM ".kibana" WHERE type = 'dashboard'
  """
}
```

　基本的なSQLの書き方は、次のようになります。
　１．SELECT句にカンマ区切りで取得するフィールド名を書く。
　２．FROM句に検索対象のindex名を書く。
　３．WHERE句に検索条件を書く。
　また、次の点には注意してください。
　１．index名が特殊文字から始まる場合など、index名をダブルクオートで囲む必要がある。
　２．WHERE句の右辺が文字列の場合はシングルクオートで囲む必要がある。
　KibanaのConsoleでは、クエリ自体をダブルクオート３つで囲むと、クエリ内部でダブルクオー
トを利用できるのでオススメです。
　この場合のレスポンスは次のようになります。

```
         dashboard.title
---------------------------------
[eCommerce] Revenue Dashboard
[Flights] Global Flight Dashboard
[Logs] Web Traffic

<以下略>
```

　GROUP BYなどを利用した実践的なクエリは、後述の実践編で紹介します。

3.3 データ型一覧、関数一覧

3.3.1 データ型

SQLにおけるデータ型は、Elasticsearchにおけるデータ型と異なります。Elasticsearchにおける各データ型と、SQLにおけるデータ型は次のように対応づけられます。

表3.2: Elasticsearch SQL のデータ型

Elasticsearchにおけるデータ型	SQLにおけるデータ型
null	null
boolean	boolean
byte	tinyint
short	smallint
integer	integer
long	bigint
double	double
float	real
half_float	float
scaled_float	float
keyword	varchar
text	varchar
binary	varbinary
date	timestamp
object	struct
nested	struct
上記以外の型	サポート外

3.3.2 関数

SQLでは、いくつかの関数を利用できます。SHOW FUNCTIONSのコマンドを利用することで、関数一覧を確認できます。

```
GET _xpack/sql?format=txt
{
  "query":"SHOW FUNCTIONS"
}
```

この場合のレスポンスは次のようになります。

```
      name      |      type
----------------+---------------
AVG             |AGGREGATE
COUNT           |AGGREGATE
MAX             |AGGREGATE
MIN             |AGGREGATE
SUM             |AGGREGATE
KURTOSIS        |AGGREGATE
PERCENTILE      |AGGREGATE
PERCENTILE_RANK |AGGREGATE
SKEWNESS        |AGGREGATE
STDDEV_POP      |AGGREGATE
SUM_OF_SQUARES  |AGGREGATE
VAR_POP         |AGGREGATE
HISTOGRAM       |GROUPING
COALESCE        |CONDITIONAL
GREATEST        |CONDITIONAL
IFNULL          |CONDITIONAL
ISNULL          |CONDITIONAL
LEAST           |CONDITIONAL
NULLIF          |CONDITIONAL
NVL             |CONDITIONAL
CURRENT_TIMESTAMP|SCALAR
DAY             |SCALAR
DAYNAME         |SCALAR
DAYOFMONTH      |SCALAR
DAYOFWEEK       |SCALAR
DAYOFYEAR       |SCALAR
DAY_NAME        |SCALAR
DAY_OF_MONTH    |SCALAR
DAY_OF_WEEK     |SCALAR
DAY_OF_YEAR     |SCALAR
DOM             |SCALAR
DOW             |SCALAR
DOY             |SCALAR
HOUR            |SCALAR
HOUR_OF_DAY     |SCALAR
IDOW            |SCALAR
ISODAYOFWEEK    |SCALAR
ISODOW          |SCALAR
ISOWEEK         |SCALAR
```

ISOWEEKOFYEAR	SCALAR
ISO_DAY_OF_WEEK	SCALAR
ISO_WEEK_OF_YEAR	SCALAR
IW	SCALAR
IWOY	SCALAR
MINUTE	SCALAR
MINUTE_OF_DAY	SCALAR
MINUTE_OF_HOUR	SCALAR
MONTH	SCALAR
MONTHNAME	SCALAR
MONTH_NAME	SCALAR
MONTH_OF_YEAR	SCALAR
NOW	SCALAR
QUARTER	SCALAR
SECOND	SCALAR
SECOND_OF_MINUTE	SCALAR
WEEK	SCALAR
WEEK_OF_YEAR	SCALAR
YEAR	SCALAR
ABS	SCALAR
ACOS	SCALAR
ASIN	SCALAR
ATAN	SCALAR
ATAN2	SCALAR
CBRT	SCALAR
CEIL	SCALAR
CEILING	SCALAR
COS	SCALAR
COSH	SCALAR
COT	SCALAR
DEGREES	SCALAR
E	SCALAR
EXP	SCALAR
EXPM1	SCALAR
FLOOR	SCALAR
LOG	SCALAR
LOG10	SCALAR
MOD	SCALAR
PI	SCALAR
POWER	SCALAR
RADIANS	SCALAR

```
RAND               |SCALAR
RANDOM             |SCALAR
ROUND              |SCALAR
SIGN               |SCALAR
SIGNUM             |SCALAR
SIN                |SCALAR
SINH               |SCALAR
SQRT               |SCALAR
TAN                |SCALAR
TRUNCATE           |SCALAR
ASCII              |SCALAR
BIT_LENGTH         |SCALAR
CHAR               |SCALAR
CHARACTER_LENGTH   |SCALAR
CHAR_LENGTH        |SCALAR
CONCAT             |SCALAR
INSERT             |SCALAR
LCASE              |SCALAR
LEFT               |SCALAR
LENGTH             |SCALAR
LOCATE             |SCALAR
LTRIM              |SCALAR
OCTET_LENGTH       |SCALAR
POSITION           |SCALAR
REPEAT             |SCALAR
REPLACE            |SCALAR
RIGHT              |SCALAR
RTRIM              |SCALAR
SPACE              |SCALAR
SUBSTRING          |SCALAR
UCASE              |SCALAR
CAST               |SCALAR
CONVERT            |SCALAR
DATABASE           |SCALAR
USER               |SCALAR
SCORE              |SCORE
```

関数には大まかに3種類あり、次のように分類できます。

1．Aggregate Functions

2．Date and Time Functions

3．Math Functions

Aggregate Functions

　データの件数を数えるCOUNTや、平均値を取得するAVERAGEのように、複数のドキュメントを集約する関数群です。たとえばドキュメントをtypeごとにグルーピングして、その件数を数える場合は次のようなクエリになります。

```
GET _xpack/sql?format=txt
{
  "query":"""
  SELECT type, COUNT(*)  FROM ".kibana" GROUP BY type
  """
}
```

　　レスポンス例

```
     type      |   COUNT(1)
---------------+---------------
canvas-workpad |3
config         |1
dashboard      |3
index-pattern  |3
search         |2
space          |1
telemetry      |1
visualization  |40
```

Date and Time Functions

　timestampの文字列から日付や時刻などを抽出したり、timestampに関する計算などを行う関数群です。たとえば"2018-01-01T09:00:00"といった形式の日付フィールドから、年と月を抜き出す場合は次のようなクエリになります。

```
GET _xpack/sql?format=txt
{
  "query":"""
  SELECT YEAR(updated_at) AS YEAR,
  MONTH(updated_at) AS MONTH
  FROM ".kibana" GROUP BY YEAR, MONTH
  """
}
```

　　レスポンスは次のとおりです。

```
     YEAR         |        MONTH
---------------+---------------
  2018          |8
  2018          |9
```

Math Functions

　Math Functionsは統計処理用の関数や三角関数など、さまざまな数学的処理を行う関数群になります。関数をネストさせることで、複数の関数を重ねて利用することも可能です。次にquery例を示します。

```
GET _xpack/sql?format=txt
{
  "query":"""
  SELECT POWER(3, 2) as "3の2乗", POWER(PI(), 2) as "πの2乗"
  """
}
```

　レスポンスは次のとおりです。

```
     3の2乗        |        πの2乗
---------------+-----------------
  9.0           |9.869604401089358
```

3.4　実践編

3.4.1　GROUP BY

　結果を特定の条件でグルーピングする命令です。Elasticsearchのクエリでいうaggregationに相当するものです。内部的にはaggregationに変換されて実行されるため、グルーピング時に指定するカラム（フィールド）もaggregatableであることが必要です。

　たとえば、.kibanaのindexを検索して、dashboardやvisualizationなどのtypeごとにグルーピングして件数を取得したい場合は次のようなクエリになります。

```
GET _xpack/sql?format=txt
{
  "query":"""
  SELECT type, COUNT(*) as count from ".kibana" GROUP BY type
  """
}
```

レスポンスの例です。

```
      type      |      count
--------------+---------------
canvas-workpad |3
config         |1
dashboard      |3
index-pattern  |3
search         |2
space          |1
telemetry      |1
visualization  |40
```

　Elasticsearchにおけるtext型のフィールドなどでグルーピングをすると、エラーが返ってくるので注意が必要です。

```
{
  "error": {
    "root_cause": [
      {
        "type": "mapping_exception",
        "reason": "No keyword/multi-field defined exact matches for [title];
         define one or use MATCH/QUERY instead"
      }
    ],
    "type": "mapping_exception",
    "reason": "No keyword/multi-field defined exact matches for [title];
     define one or use MATCH/QUERY instead"
  },
  "status": 400
}
```

3.4.2　QUERY・MATCH

　Elasticsearch SQLの大きな特徴のひとつとして、WHERE句内でMATCHやQUERYのような全文検索クエリを実行できることが挙げられます。文法としては次のようになります。

```
WHERE QUERY(query, parameter, ....)
```

```
WHERE MATCH(field, query, parameter, ....)
```

たとえば「Filebeat」と「Kafka」という単語を含むドキュメントの、visualization名およびdashboard名を取得したい場合は次のようなクエリになります。

```
GET _xpack/sql?format=txt
{
  "query":"""
  SELECT visualization.title, dashboard.title FROM ".kibana"
  WHERE QUERY('Filebeat AND Kafka')
  """
}
```

レスポンスの例です

```
            visualization.title            |     dashboard.title
-------------------------------------------+-------------------------
Number of stracktraces by class [Filebeat Kafka]|null
null                                       |null
null                                       |null
Log levels over time [Filebeat Kafka]      |null
null                                       |[Filebeat Kafka] Overview
```

3.4.3　HAVING

　HAVING句は、GROUP BYなどによって分割されたグループの中から、特定の条件にマッチしたグループのみを抽出するための命令です。たとえばGROUP BYを行った結果が、10件以上存在するグループのみ取り出したい場合は、次のようなクエリになります。

```
GET _xpack/sql?format=txt
{
  "query":"""
  SELECT type, COUNT(*) as count from ".kibana" GROUP BY type  HAVING count > 10
  """
}
```

　レスポンスの例です。

第3章　Elasticsearch SQL　57

```
    type        |    count
--------------+---------------
dashboard     |51
search        |43
visualization |218
```

3.5 Elasticsearch SQLの仕組み

Elasticsearch SQLは、内部的にはElasticsearchのクエリに変換された上で、各ノードで分散実行されています。ここでは、その仕組みについて解説します。

Elasticsearch SQLは次のような順番で処理されます。

1. SQLクエリの構文解析
2. AST（構文木）の構築
3. 実行計画の作成
4. 実行計画の最適化
5. Elasticsearchクエリへの変換
6. クエリの実行

translate APIを利用すると、Elasticsearch SQLをElasticsearchクエリへ変換できます。これを利用することで、Elasticsearch SQLがどのように処理されるのか、理解しやすくなります。translate APIは _xpack/sql/translate のエンドポイントで提供されます。

実際には次のようなリクエストを発行することで、Elasticsearchのクエリを取得できます。

```
GET _xpack/sql/translate
{
  "query":"""
  SELECT visualization.title, dashboard.title FROM ".kibana"
  WHERE QUERY('Filebeat AND Kafka') ORDER BY updated_at DESC
  """
}
```

レスポンスは次のようになります。

```
{
  "size": 1000,
  "query": {
    "query_string": {
      "query": "Filebeat AND Kafka",
      "fields": [],
```

58 | 第3章 Elasticsearch SQL

```
      "type": "best_fields",
      "default_operator": "or",
      "max_determinized_states": 10000,
      "enable_position_increments": true,
      "fuzziness": "AUTO",
      "fuzzy_prefix_length": 0,
      "fuzzy_max_expansions": 50,
      "phrase_slop": 0,
      "escape": false,
      "auto_generate_synonyms_phrase_query": true,
      "fuzzy_transpositions": true,
      "boost": 1
    }
  },
  "_source": {
    "includes": [
      "visualization.title",
      "dashboard.title"
    ],
    "excludes": []
  },
  "sort": [
    {
      "updated_at": {
        "order": "desc"
      }
    }
  ]
}
```

3.6　CLIの使い方

Elasticsearch SQLは、RESTのエンドポイントの他、CLIからの実行もサポートしています。

　CLIからElasticsearch SQLを実行するには、elasticsearchのフォルダーの下にあるbin/ elasticsearch-sql-cliを実行します。(Elastic Cloudを利用している場合は別途ダウンロードが必要です。)

```
$ES_HOME/bin/elasticsearch-sql-cli

            Elasticsearch SQL
```

第3章　Elasticsearch SQL　｜　59

```
sql> SELECT type, COUNT(*) FROM ".kibana" GROUP BY type;
    type        |  COUNT(1)
----------------+----------------
config          |2
dashboard       |51
index-pattern   |7
search          |43
visualization   |220
```

コマンドなどについては、REST APIと同様になります。ただし、クエリの最後にセミコロン(;)の入力が必要です。

3.7 JDBCドライバでのアクセス

Elasticsearchへの、JDBCドライバによるアクセスもサポートされます。JDBCドライバによるSQLアクセスを利用するには、サブスクリプションのPlatinumライセンスが必要となります。

JDBCドライバのインストールはこちらに詳細な説明があるため、ここでは割愛します。

・https://www.elastic.co/guide/en/elasticsearch/reference/6.x/sql-jdbc.html

---

注意すべき点

利用する際のハマりやすいポイントをいくつか挙げておきます。
1. レスポンスにArray Fieldがあるとエラーが起きる
2. フィールド名が日本語の場合などはクオートで囲む必要がある

3.8 まとめ

さて、ここまでElasticsearch SQLの概要を紹介してきました。従来のElasticsearch queryに加えて新たなアクセス方法が増えたことで、間口が広がったといえます。これを機会にぜひElasticsearchを活用してみてください。

第4章　はじめてのElasticsearchクラスタ

これまでの章で学んだことを活かせば、少ないデータ量に対してElasticsearchをカジュアルに使うことができます。ただし、データ量が増えた場合に安定した運用をできるかどうかは別の話です。大量のデータを高速に処理できるElasticsearchの特長を活かすには、これまでの章では説明していない知識が必要になります。

実際に、必要な設計がされないまま運用を開始してトラブルに遭遇するケースは頻繁に発生します。しかし、そもそも何を設計すればよいのか分からない、という方が大半ではないでしょうか。そこで本章では、はじめてElasticsearchクラスタを運用する方に向けて、ふたつのテーマを解説します。

ひとつめは、分散システムとしてのElasticsearchの動作です。一般的な分散システムの知識はElasticsearchにも役立ちますが、Elasticsearchではじめて本格的な分散システムの世界に触れる方もいるでしょう。Elasticsearchのクラスタがどのように動作するのか、どのような課題を解決できるのかを説明します。

ふたつめは、運用前に必ず行っておくべき設計です。ここでは典型的な問題事例を元に説明します。運用を開始してから数ヵ月後に発現する問題もあるため、注意が必要です。

本章の内容を理解・実践し、Elasticsearchクラスタを安全に運用しましょう。

4.1　クラスタ

　情報システムが扱うデータ量は年々増加し、大量のデータを扱えるシステムが必要となっています。数TB程度のデータ量ならば、ひとつのサーバーで扱うことができるでしょう。しかし多くのシステムで、扱うデータ量はそれを越えたものになってきています。

　また、企業がもつ情報をビジネスに有効に活用するため、検索への需要は日増しに大きくなっています。そのため、検索システムが業務遂行に欠かせない企業も増えています。

　Elasticsearchで大量のデータを処理する場合、どのようにすればよいでしょうか。ひとつのサーバーに大きなHDDを搭載すれば、大量のデータを保存することはできるでしょう。しかし、それを扱うCPUが変わらなければ、データ量に応じて処理速度は下がります。GB規模のデータ量では快適に動作していた検索処理も、TB規模のデータ量になればレスポンスが遅くなるでしょう。

　CPUのコア数を増やして並列に処理すれば、ある程度、処理速度は上がるでしょう。しかし、メモリーが少なければ快適には動作しませんし、複数のCPUから同一HDDへのアクセスが重なれば並列化の恩恵は少なくなってしまいます。では、CPUのコア数を上げ、大量のメモリーを積み、何本ものHDDを積み、サーバーをスケールアップすればよいのでしょうか。

　実は、このアプローチはあまり良くないことが多いのです。たとえば、ハード性能を2倍にすると、2倍以上の価格になることがあります。また、ひとつのサーバーにすべてを構築した場合、このサーバーに障害が発生するとシステムが使えなくなってしまいます。

標準的なアプローチは、それほど大きくないサーバー（コモディティ・サーバーと呼ばれます）を複数用意し、サーバーどうしが協調して並列処理を行うことです。このようにスケールアウトすれば、1サーバーが故障しても他のサーバーを使ってシステムの運用は継続できます。近年、ビックデータを処理するプロダクトとして登場したHadoopやSparkなども、この考え方を採用しています。そして、Elasticsearchも、この考え方を採用しています。

協調して動作するElasticsearchサーバーの集まりを**クラスタ**、または**Elasticsearchクラスタ**といいます。Elasticsearchクラスタを構成するノード数を増やすことにより、より大量のデータを処理できます。本章では、Elasticsearchクラスタについて理解を深めていきます。

4.2　ノードの種類

Elasticsearchのノードには種類があり、さまざまな種類ノードが協調してクラスタを構成しています。Elasticsearchには、次のような種類のノードがあります。

●マスタ・ノード（Master node）
　クラスタの状態管理やシャードの割り当てなど、クラスタ全体の処理を行うノードをマスタ・ノードと呼ぶ。クラスタはマスタ・ノードが1ノードのみ存在するように動作する。

●マスタ・エリジブル・ノード（Master-eligible node）
　マスタ・ノードの候補となるノードをマスタ・エリジブル・ノードと呼び、この中から1ノードがマスタ・ノードに選出される。

●データ・ノード（Data node）
　Elasticsearchのデータを保持するノード。データを保持し、クエリに対応した結果を返す。

●コーディネーティング・ノード（Coordinating node）
　検索のリクエストやインデクシングのリクエストなどを受け付けることができるノード。すべてのノードはコーディネーティング・ノードとしての機能をもつ。

●コーディネーティング・オンリー・ノード（Coordinating only node）
　コーディネーティング・ノードの役割のみのノード。マスタ・ノードやデータ・ノードとして動作することはない。
　これらを図示すると次のようになります。

図4.1: ノードの種類

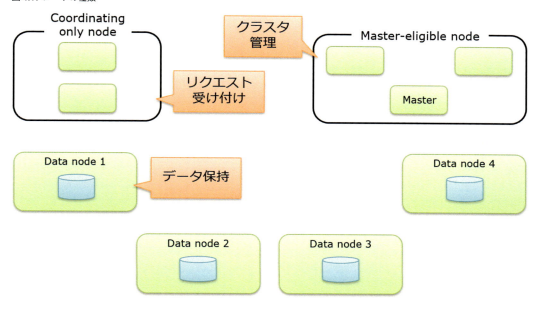

厳密にはMachine Learning nodeなどもありますが、本章ではElasticsearchクラスタを説明するために必要なもののみ紹介しています。

4.3 シャードとレプリカ

Elasticsearchは、複数のプロセスでクラスタを構成することにより、大量のデータを高速に処理できます。ただし、ある程度以上のデータ量になると、やみくもに扱っても高速処理の恩恵を得ることはできません。Elasticsearchが高速に処理できるのは理由があり、そのために正しく設計する必要があります。この節では、インデックスについて説明した後、スケールするために欠かせないシャードとレプリカについて説明します。

4.3.1 インデックス

たとえば、次の要件のシステムがあったとします。
1．Elasticsearchにブログのデータを入れて検索したい。
2．WebサーバーのログもElasticsearchに入れて分析したい。
3．ブログ・データはすべて保持したい。
4．ログ・データは1年経ったら削除したい。

このような場合、ブログ・データとログ・データを分けて管理できるようにした方が扱いやすいです。RDB（Relational Database）の場合、ブログ・データとログ・データでテーブルを分けますよね。RDBのテーブルに相当する概念がElasticsearchにもあり、これを**インデックス**といいます。Elasticsearchはインデックスごとに**マッピング定義**（RDBでのスキーマ定義）を行えます。そのため、インデックスは情報を管理する単位として扱いやすくできています。

4.3.2 シャード

「4.1 クラスタ」の節で紹介したように、高速処理のために並列化するには複数のノードで動作させる必要があります。大きなインデックスを複数のノードに分けるための機能として、**シャード**というものがあります。

次の図の場合、ひとつのインデックスを3つのシャードに分け、3ノードで並列に検索しています。これにより、1ノードのときより高速に検索できます。

図4.2: 3ノードで並列に検索

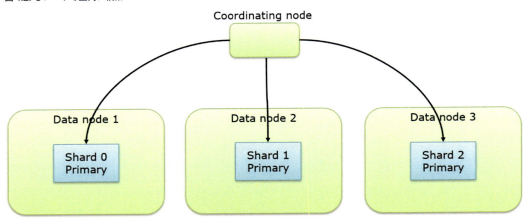

このようにデータ量が増えた場合、ノードを増やしてシャードを分散配置させることで、処理をスケールできます。データ量が3倍になったとしても、3ノードで効果的に並列処理できれば、処理時間はあまり変わらないはずです。のちほど、「4.5 検索の流れ」の節で分散して検索する流れを詳しく説明しますが、そこではシャードが不可欠な存在として登場します。

4.3.3 レプリカ

Elasticsearchはデータ・ストアであり、データを失わずに保持する必要があります。また、複数のノードで構成されたクラスタを前提としています。もし、Elasticsearch自身に問題がなかったとしても、ハードウェア障害が発生してノード停止する場合があります。このとき、障害が発生したノードにあるデータが失われては困ります。そこで、同一データを複数ノードで保持し、ひとつのノードに障害が発生しても他のノードにあるデータで運用を継続できるようにする必要があります。このしくみを**冗長化**といいます。

ディスク・デバイスの障害に備える冗長化の技術として知られているものにRAID（Redundant Arrays of Inexpensive Disks）があります。たとえば、RAID技術のひとつであるRAID1は同一データを複数のディスク・デバイスに書き込み、冗長化することによって、ひとつのディスク・デバイスが停止してもデータが失われないようにします。

Elasticsearchでは、データの冗長化をソフトウェアとして実現しています。具体的には、シャードの内容を複製（レプリカ）して複数のノードで保持します。これにより、ひとつのシャードに障

害が発生しても、別のシャードにデータが残っているため、データが失われることはありません。

このように複製されたシャードを、**レプリカ・シャード**（Replica Shard）といいます。また、複製元のシャードを、**プライマリ・シャード**（Primary Shard）といいます。次の図は、3つのプライマリ・シャードがあり、それぞれひとつのレプリカ・シャードをもつケースです。

図4.3: 障害発生時もレプリカによりデータが失われない

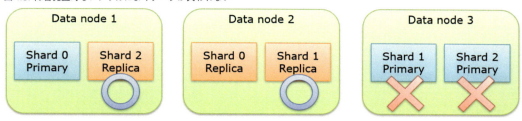

Data node3に障害が発生すると、Shard1とShard2のプライマリ・シャードのデータは失われてしまいます。しかし、レプリカ・シャードが他のノードに存在するため、クラスタ全体としてはデータを失わずに運用できます。

また、同じシャード番号のシャードの集まりを**レプリケーショングループ**といいます。たとえば、図4.3で

・Data node1にある、Shard 0のプライマリ・シャード
・Data node2にある、Shard 0のレプリカ・シャード

は同じシャード番号（=0）のレプリケーショングループです。

Elasticsearchはシャード数（プライマリ・シャードの数）、レプリカ数（各プライマリ・シャードの複製の数）をインデックス単位で設定できます。次の図は、

・インデックスAは、シャード数=3、レプリカ数=1
・インデックスBは、シャード数=1、レプリカ数=2

の例です。

図4.4: シャード数、レプリカ数の設定例

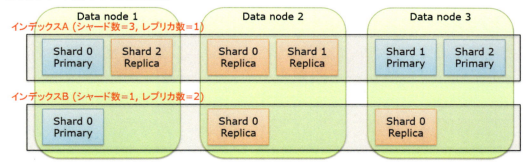

シャードとレプリカに関して、次の点に注意してください。

第4章　はじめてのElasticsearchクラスタ　｜　65

- インデックス作成後もレプリカ数は変更可能です。しかし、シャード数は変更に手間がかかります。また、シャード数を変更する場合も、制約があります。
- 冗長化が目的のため、同じレプリケーショングループのプライマリ・シャードとレプリカ・シャードは異なるノードに配置されます。

「ノード数≦レプリカ数」の場合、作成できないレプリカ・シャードが出てしまいます。

レプリカ・シャードがあると検索処理が複数ノードに分散されるため、冗長化だけでなく、検索性能の向上にも役立ちます。詳しくは、「4.5 検索の流れ」で説明します。

4.4 インデクシングの流れ

Elasticsearchは、複数のデータノードに分散してデータを保持できます。この節では、Elasticsearchクラスタがどのようにインデクシングを行うか説明します。

Elasticsearchクラスタ内でのインデクシング処理の流れは次のとおりです。
1. クライアントからリクエストを受けたコーディネーティング・ノードがインデクシング先のシャード番号を決める
2. コーディネーティング・ノードが、プライマリ・シャードにインデクシングをリクエストする
3. プライマリ・シャードが、インデクシングを行う
4. プライマリ・シャードが、レプリカ・シャードにインデクシングをリクエストする
5. レプリカ・シャードが、インデクシングを行う
6. レプリカ・シャードが、プライマリ・シャードにレスポンスを返す
7. プライマリ・シャードは、コーディネーティング・ノードにレスポンスを返す

この処理を詳しく説明します。

まずは、クライアントからインデクシングのリクエストを受けたコーディネーティング・ノードがインデクシング先のシャード番号を決めます。ドキュメントIDのハッシュ値をシャード数で割った余りが、シャード番号になります。これにより、高速にシャード番号を決定できると共に、複数のノードにデータを分散できます。

図4.5: シャード番号を決定

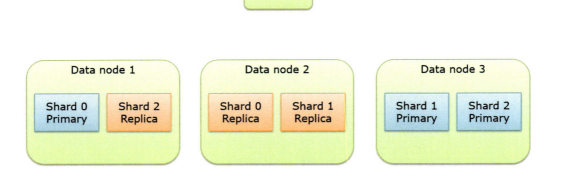

コーディネーティング・ノードは、先ほど決めたシャード番号のプライマリ・シャードにインデクシングをリクエストします。この例は、シャード番号=0のケースです。

図4.6: プライマリ・シャードにリクエスト

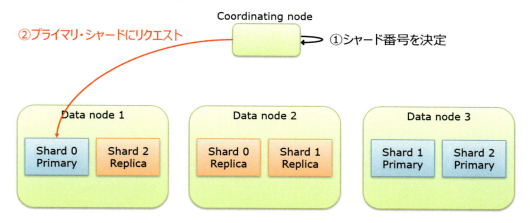

プライマリ・シャードが、インデクシングを行います。これは、プライマリ・シャード内部で完結する処理です。

図4.7: プライマリ・シャードでインデクシング

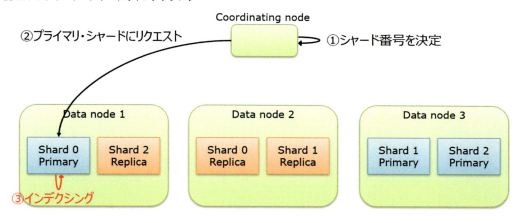

プライマリ・シャードが、レプリカ・シャードにインデクシングをリクエストします。レプリカ数が2以上の場合は、複数のレプリカ・シャードに対して並列でリクエストします。

図4.8: レプリカ・シャードにリクエスト

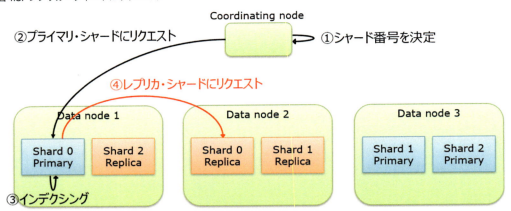

　レプリカ・シャードが、インデクシングを行います。レプリカ数が2以上の場合は、複数のレプリカ・シャードが並列でインデクシングを行います。これにより、データを保持するシャードでのインデクシングが完了します。

図4.9: レプリカ・シャードでインデクシング

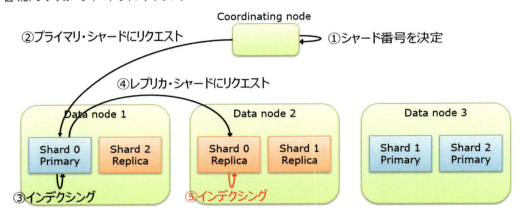

　レプリカ・シャードが、プライマリ・シャードにレスポンスを返します。

図4.10: プライマリ・シャードにレスポンス

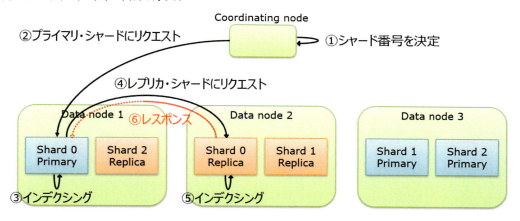

プライマリ・シャードは、全レプリカ・シャードからレスポンスが返ってくると、コーディネーティング・ノードにレスポンスを返します。また、コーディネーティング・ノードはクライアントにレスポンスを返します。

図4.11: コーディネーティング・ノードにレスポンス

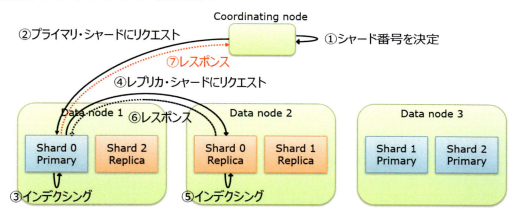

このような流れで、インデクシングを行います。Elasticsearchはできる限りプライマリ・シャードが存在するように保ち、プライマリ・シャードと同じ内容をレプリカ・シャードがもつように動作します。詳しくは「4.6 データ・ノードの障害検知」で説明します。そのため、まずプライマリ・シャードでインデクシングを行い、その後にレプリカ・シャードでインデクシングを行います。

4.5 検索の流れ

Elasticsearchは、複数のデータノードに分散してデータを保持できます。これにより、並列に検索でき、高速に検索結果を返せます。この節では、この検索処理について説明します。

4.5.1 検索処理のフェーズ

Elasticsearchクラスタ内での検索処理はふたつのフェーズで構成されます。

● Query Phase

各データ・ノードに配置されたシャードで検索処理を行います。Query Phaseでは「ドキュメントID」と「ソートに必要な値」のみ取得します。コーディネーティング・ノードがQuery Phaseの結果をマージし、クライアントに返すドキュメントを決定します。

● Fetch Phase

各データ・ノードからドキュメント本体を取得し、検索結果をクライアントに返します。

それでは、各フェーズの内容について、説明します。

4.5.2 Query Phase

コーディネーティング・ノードは全レプリケーショングループから1シャードずつ選び、検索をリクエストします。各シャードへのリクエスト・レスポンス処理は並列に動作します。

図4.12: 各シャードにリクエスト

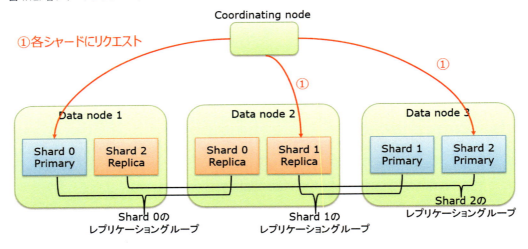

各シャードで検索処理を行います。ここでは、検索条件にヒットしたドキュメントの「ドキュメントID」と「ソートに必要な値」のみ取得します。各シャードから取得する最大件数は、検索条件のfrom（デフォルト値は0）＋size（デフォルト値は10）です。

図4.13: 各シャード内で検索

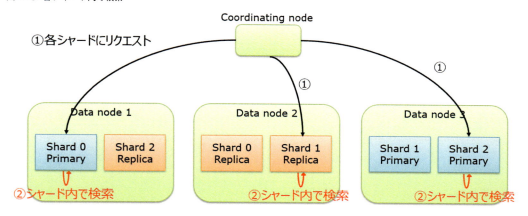

　各シャードが取得した「ドキュメントID」と「ソートに必要な値」をコーディネーティング・ノードに返します。

図4.14: コーディネーティング・ノードに「ドキュメントID」と「ソートに必要な値」を返す

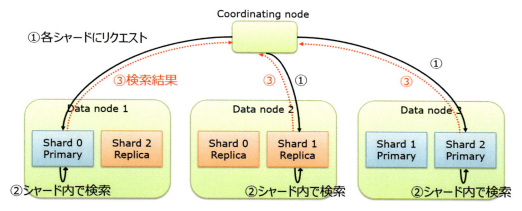

　コーディネーティング・ノードは各シャードから取得した「ドキュメントID」と「ソートに必要な値」をマージします。

図4.15: コーディネーティング・ノードでマージ

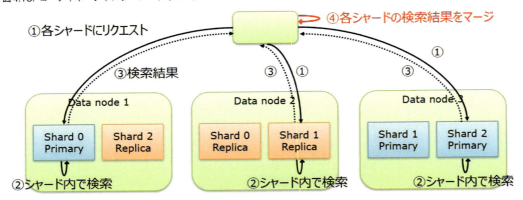

ここまでが、Query Phase となります。

4.5.3 Fetch Phase

各シャードで取得した「ドキュメントID」と「ソートに必要な値」を元にクライアントに返すドキュメントを決定します。たとえば、from = 90、size = 10 と指定し、3 シャード存在した場合、各シャードで最大 100 件（= 90 + 10）ヒットし、クラスタ全体では 300 件（= 100 × 3）ヒットします。この 300 件をソートし、91 件目から 10 件がクライアントに返すドキュメントになります。

図4.16: クライアントに返すドキュメントを決定

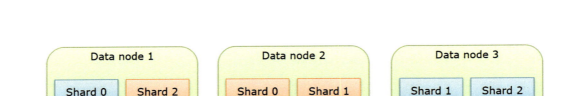

クライアントに返すべきドキュメントを保持するシャードに、ドキュメント本体（_source）をリクエストします。各シャードへのリクエスト・レスポンス処理は並列に動作します。

図4.17: ドキュメント本体を取得

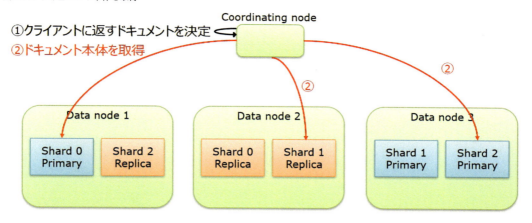

各シャードで取得したドキュメント本体をコーディネーティング・ノードに返します。

図4.18: コーディネーティング・ノードにドキュメント本体を返す

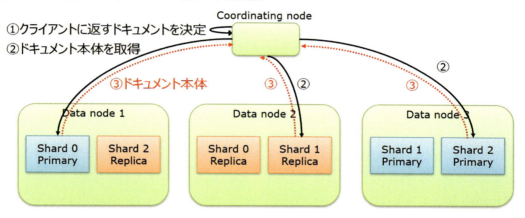

各シャードで取得したドキュメント本体をマージしてクライアントに返すべきレスポンスを作成し、検索結果としてクライアントを返します。

図4.19: レスポンスを作成

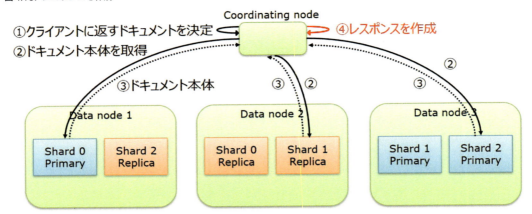

　このような流れで検索処理を行います。検索処理全体の時間は「Query Phaseの時間」と「Fetch Phaseの時間」の和になります。各シャードの処理は並列化できますが、コーディネーティング・ノードは全シャードからレスポンスを待つ必要があるため、処理が遅いシャードが存在すると全体の処理時間に影響します。

4.6 データ・ノードの障害検知

　Elasticsearchには、データ・ノードの障害を検知し、他のノードで処理を継続できるようにリカバリする機能があります。この節では、この障害検知について説明します。

4.6.1 インデックス状態とクラスタ状態

　Elasticsearchはデータストアであり、「データを蓄積できること」「データを検索できること」は最も重要な関心事です。そのため、**インデックス状態**を次のように定義しています。

green
全シャードが物理的に割り当てられ、動作している。

yellow
全プライマリシャードが物理的に割り当てられているが、物理的に割り当てられていないレプリカ・シャードがある。ただし、プライマリ・シャードを使って、インデクシングや検索ができる。

red
物理的に割り当てられていないプライマリ・シャードがある。割り当てられていないプライマリ・シャードにはインデクシングできないため、インデクシングに失敗する場合がある。また、割り当てられていないプライマリ・シャードからは検索できないため、部分的にしか検索できない。

　インデックスの状態は、次のリクエストで確認できます。

```
GET _cat/indices?v&s=index
```

次のフォーマットでレスポンスが返ってきます（1行が長いため、改行位置を⏎で表しています）。

```
health status index    uuid                   pri rep docs.count docs.deleted
store.size pri.store.size⏎
yellow open    example Q5aN62wSTJGzm7c9GhHTqg   5   1          0            0
1.2kb          1.2kb⏎
green  open    test1   PXBQsV24ThWQHjq1TlpQGA   1   0     257895            0
100.1mb        100.1mb⏎
green  open    test2   JPGKHVvwRTeru-TkIezNXQ   1   0     227996            0
98.2mb         98.2mb⏎
green  open    test3   MwsQ3gc8Sxm1029oF33sKw   1   0     210804            0
92.7mb         92.7mb⏎
```

重要なパラメータは次のとおりです。

health

インデックス状態です。

index

インデックス名です。

pri

シャード数です。

rep

レプリカ数です。

先ほどのレスポンスを見ると、インデックス「example」のインデックス状態が「yellow」になっています。これは、レプリカ・シャードが割り当てられていない状態です。また、インデックス状態の最悪値を、**クラスタ状態**といいます。ひとつでもyellowのインデックス状態があればクラスタ状態はyellowとなり、ひとつでもredのインデックス状態があればクラスタ状態はredになります。

クラスタ状態は次のリクエストで確認できます。

```
GET _cluster/health
```

次のフォーマットでレスポンスが返ってきます。

```
{
  "cluster_name": "elasticsearch",
  "status": "yellow",
  "timed_out": false,
  "number_of_nodes": 1,
  "number_of_data_nodes": 1,
  "active_primary_shards": 19,
  "active_shards": 19,
```

第4章　はじめてのElasticsearchクラスタ　　75

```
  "relocating_shards": 0,
  "initializing_shards": 0,
  "unassigned_shards": 15,
  "delayed_unassigned_shards": 0,
  "number_of_pending_tasks": 0,
  "number_of_in_flight_fetch": 0,
  "task_max_waiting_in_queue_millis": 0,
  "active_shards_percent_as_number": 55.88235294117647
}
```

レスポンスにある「status」がクラスタ状態です。

4.6.2　インデックス状態がredの場合の検索

インデックス状態がredの場合、割り当てられていないプライマリ・シャードからは検索できません。そのため、部分的に検索した結果を返します。このとき、検索結果の_shardsにあるsuccessfulの値がtotalより小さくなります。

たとえば、5シャードが存在するインデックスがあり（total=5）、2シャードがredの場合、3シャードからの検索に成功します（successful=3）。この場合、次のフォーマットでレスポンスが返ってきます。

```
{
  "took": 2,
  "timed_out": false,
  "_shards": {
    "total": 5,
    "successful": 3,
    "skipped": 0,
    "failed": 0
  },
  "hits": {
    ...
  }
}
```

インデックス状態がredの場合には検索を失敗させたいケースもあるでしょう。この場合は、検索パラメータに「allow_partial_search_results=false」を指定します。

```
GET test1/_search?allow_partial_search_results=false
```

たとえば、test1というインデックスのプライマリ・シャード0と1が割り当てられていない場合、

次のレスポンスが返ってきます。

```
{
  "error": {
    "root_cause": [],
    "type": "search_phase_execution_exception",
    "reason": "",
    "phase": "query",
    "grouped": true,
    "failed_shards": [],
    "caused_by": {
      "type": "search_phase_execution_exception",
      "reason": "Search rejected due to missing shards [[test1][0], [test1][1]].
Consider using `allow_partial_search_results` setting to bypass this error.",
      "phase": "query",
      "grouped": true,
      "failed_shards": []
    }
  },
  "status": 503
}
```

4.6.3　データノードの障害検知の動作

この節では、データノードの障害検知の動作について説明します。

次の図に示すように、マスタ・ノードは各ノードにヘルスチェックを行っています。

図4.20: データ・ノードのヘルスチェック

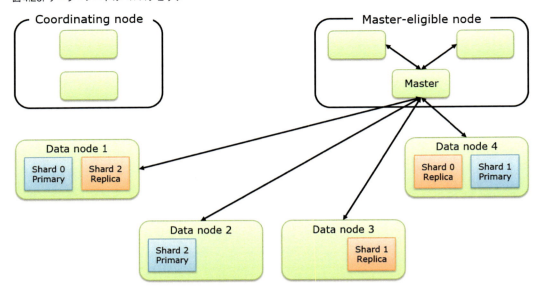

データ・ノードに障害が発生したとします。

ヘルスチェックのタイムアウト値は30秒であり、3回連続でヘルスチェックに失敗すると、マスタ・ノードは「データ・ノードに障害が発生した」と認識します。障害発生したノードにプライマリ・シャードが存在すると（たいていの場合は存在します）、クラスタ状態はredになります。

図4.21: 障害検知

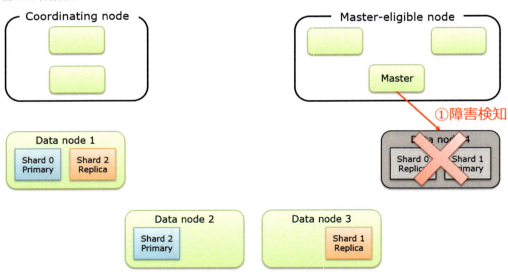

「データ・ノードに障害が発生した」と認識した場合、リカバリ処理を開始するまで1分間待ちます。リカバリ処理はクラスタに負荷がかかるため、一時的な障害でリカバリ処理を行わないようにするためです。待ち時間の間にデータ・ノードが復旧した場合は、リカバリ処理を行いません。

図4.22: 1分間待機

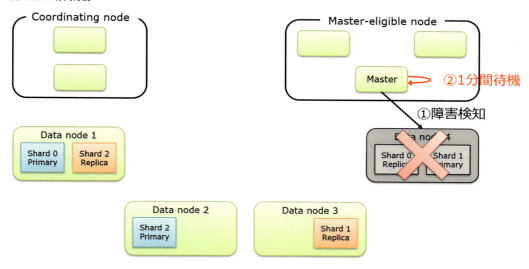

　待ち時間が過ぎると、リカバリ処理を開始します。まず、クラスタ状態をredからyellowにするため、プライマリ・シャードを復旧させます。
　具体的には、正常なノードにあるレプリカ・シャードのひとつをプライマリ・シャードに変更します（下図ではShard 1）。これはElasticsearchの内部で管理している状態を更新するだけのため、瞬時に完了します。全インデックスでこの処理が完了すると、クラスタ状態はredからyellowになります。

図4.23: プライマリ・シャードの復旧

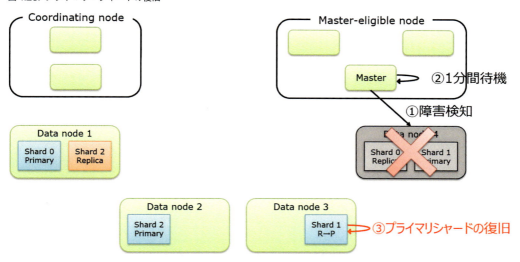

　次に、クラスタ状態をyellowからgreenにするため、レプリカ・シャードを復旧させます。具体的には、プライマリ・シャードを別ノードにコピーし、レプリカ・シャードを割り当てます（下図ではShard 0と1）。ノードをまたがってデータのコピーが発生するため、この処理は時間がかかる可

能性があります。リアルタイムに更新されているインデックスの場合、コピーには特に時間がかかります。全インデックスでこの処理が完了すると、クラスタ状態はyellowからgreenになります。

図4.24: レプリカ・シャードの復旧

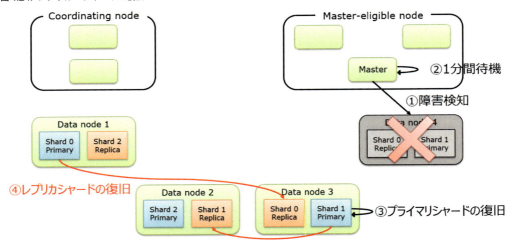

このような流れでデータのリカバリ処理を行います。Elasticsearch自体にデータのリカバリ処理があるため、RAID1のようなハードウェア側での冗長化は不要です。

4.7 本番運用前にやっておくべきこと

前節まで、分散システムとしてのElasticsearchについて学びました。実際にElasticsearchを使ったシステムを運用するために、この知識を活かして設計しておくべきことがあります。この節では、問題となった事例を元に、安定したElasticsearchの運用に必要な次の設計について説明します。

1. シャード設計
2. レプリカ設計
3. マッピング設計
4. ディスクサイズ設計
5. スプリットブレイン対策

4.7.1 シャード設計

●事例

Elasticsearchクラスタを運用開始した当初は問題がなかったのですが、数ヵ月運用するとレスポンスが遅くなったり、クラスタ状態がyellowになることが増えてきました。特に、毎朝9時すぎに不安定になることが多く、朝の業務に支障をきたすようになってきました。

●よくある原因

シャード数が多すぎる可能性があります。

Elasticsearchのシャードは「小さなデータベース」のようなもので、シャードが増加するとメモリーやスレッド等のリソース使用量も増加します。そのため、シャード数が多すぎるとクラスタの負荷が高くなりがちです。日ごとにインデックスを作成するシステムの場合、運用開始当初は問題がなくても、運用しているうちにシャード数が増加して問題となるケースが散見されます。

また、新規インデックス作成や新規シャード作成はクラスタに負荷がかかります。UTCとJSTの時差の関係で日本時間の朝9時に新規インデックスが作成されることから、シャード数が多すぎる場合、毎朝9時すぎに不安定になる現象も見受けられます。

シャード数は次のリクエストで確認できます。

```
GET _cluster/health
```

次のフォーマットでレスポンスが返ってきます。

```
{
  "cluster_name": "elasticsearch",
  "status": "yellow",
  "timed_out": false,
  "number_of_nodes": 1,
  "number_of_data_nodes": 1,
  "active_primary_shards": 19,
  "active_shards": 19,
  "relocating_shards": 0,
  "initializing_shards": 0,
  "unassigned_shards": 15,
  "delayed_unassigned_shards": 0,
  "number_of_pending_tasks": 0,
  "number_of_in_flight_fetch": 0,
  "task_max_waiting_in_queue_millis": 0,
  "active_shards_percent_as_number": 55.88235294117647
}
```

次の値の合計が、クラスタ全体のシャード数になります。

・active_shards

・relocating_shards

・initializing_shards

・unassigned_shards

・delayed_unassigned_shards

この例では、active_shardsが19個、unassigned_shardsが15個、そのほかが0個のため、シャード数は34（=19+15）です。

●解決策

　リソース使用量を減らすため、シャード数を減らす必要があります。シャード数には目安があり、Elastic社のブログで解説されています。

　・How many shards should I have in my Elasticsearch cluster?
　　——https://www.elastic.co/blog/how-many-shards-should-i-have-in-my-elasticsearch-cluster

　このブログによると、ヒープサイズが30GBの場合の最大シャード数の目安は、1ノードあたり600〜750個となっています。クラスタの運用を開始する前にシャード設計を行い、この目安を越えないようにしましょう。

●例　シャード数=5、レプリカ数=1で、3種類のインデックスを日毎に分けて60日間保持する運用にしたい場合

　シャード数を計算すると、次のようになります。

　・5（シャード数）×2（プライマリとレプリカ）×3（種類）×60（日数）=1800（シャード）

　各ノードのヒープサイズが30GBの場合、3ノードは必要となります。耐障害性を考え、1ノード故障しても残りのノードで運用できるようにする場合は、1ノード余裕が必要です。そのため、この場合は4ノード（=3+1）あれば、シャード数の目安を越えないことになります。

　この問題は、シャード数をデフォルト値のままで運用しているシステムでよく見かけます。シャード数のデフォルト値は5ですが、たいていのシステムではこの値は大きすぎます。デフォルト値のまま使うのでなく、シャード設計を行って適切な値を設定しましょう。

　インデックス・テンプレートでシャード数を指定する場合、次のリクエストで確認できます（この例ではシャード数を3に指定しています）。

```
PUT /_template/<テンプレート名>
{
  ...
  "settings": {
    "number_of_shards": 3
  },
  ...
}
```

　インデックス設定やインデックス・テンプレートでは、すでに存在するインデックスのシャード数を変更できません。変更するには、シュリンクやリインデックスという操作を行う必要があります。

4.7.2　レプリカ設計

●事例

クラスタ状態がいつも yellow になっています。1台のサーバーで運用しています。

●よくある原因

レプリカ数が1になっている可能性があります。

「4.3 シャードとレプリカ」で説明したように、プライマリ・シャードとレプリカ・シャードは別ノードに配置されます。

図4.25: プライマリ・シャードとレプリカ・シャードは別ノードに配置

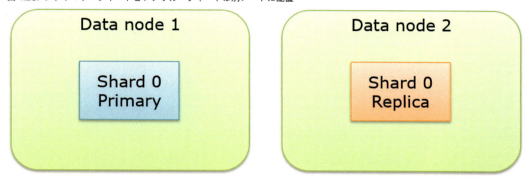

そのため、1ノードで運用していると、レプリカ・シャードを作成できません。1ノードで運用していてレプリカ数が1以上の場合は、クラスタ状態がyellowになり続けてしまいます。

図4.26: レプリカ・シャードを作成できない

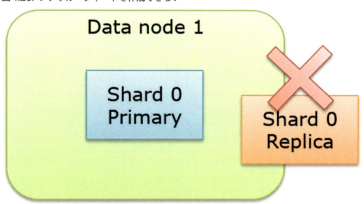

シャード一覧で、レプリカ・シャードの作成状況を確認できます。

```
GET _cat/shards?v&s=index,shard
```

次のフォーマットでレスポンスが返ってきます。

```
index    shard prirep state         docs    store  ip         node
example  0     p      STARTED          0    261b   127.0.0.1  ANaOwZg
example  0     r      UNASSIGNED
example  1     p      STARTED          0    261b   127.0.0.1  ANaOwZg
example  1     r      UNASSIGNED
example  2     p      STARTED          0    261b   127.0.0.1  ANaOwZg
example  2     r      UNASSIGNED
example  3     p      STARTED          0    261b   127.0.0.1  ANaOwZg
example  3     r      UNASSIGNED
example  4     p      STARTED          0    261b   127.0.0.1  ANaOwZg
example  4     r      UNASSIGNED
test1    0     p      STARTED     257895   100.1mb 127.0.0.1  ANaOwZg
test2    0     p      STARTED     227996    98.2mb 127.0.0.1  ANaOwZg
test3    0     p      STARTED     210804    92.7mb 127.0.0.1  ANaOwZg
```

重要なパラメータは次のとおりです。

index

インデックス名です。

shard

シャード番号です。

prirep

「p」はプライマリ・シャード、「r」はレプリカ・シャードを表します。

state

シャード状態（インデックス状態やクラスタ状態ではありません）。「STARTED」が正常な状態で、「UNASSIGNED」はシャードが割り当てられていない異常な状態です。

先ほどのレスポンスを見ると、インデックス「example」のレプリカ・シャードの状態がすべて「UNASSIGNED」になっており、割り当てられていません。

●解決策

1ノードで運用する場合、レプリカ数を0にします。

図4.27: レプリカ数が0

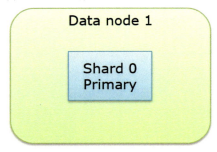

この問題は、レプリカ数をデフォルト値のままで運用しているシステムでよく見かけます。シャード数のデフォルト値は1ですが、1ノードで運用する場合は0にする必要があります。

　インデックス設定でレプリカ数を変更する場合、次のリクエストを利用します（この例ではレプリカ数を0にしています）。

```
PUT <インデックス名>
{
  "settings": {
    "number_of_replicas": 0
  }
}
```

　このリクエストを実行すると、すでに存在するインデックスのレプリカ数も変更できます。

4.7.3　マッピング設計

●事例

　インデクシング時にパースエラーとなります。

　文字列型のはずのフィールドに次のようなデータを登録しました。

```
PUT test/_doc/2
{
  "fieldX": "4567-89"
}
```

　すると、次のようにパースエラーとなりました。

```
{
  "error": {
    "root_cause": [
      {
        "type": "mapper_parsing_exception",
        "reason": "failed to parse [fieldX]"
      }
    ],
    "type": "mapper_parsing_exception",
    "reason": "failed to parse [fieldX]",
    "caused_by": {
      "type": "illegal_field_value_exception",
      "reason": "Cannot parse \"4567-89\": Value 89 for monthOfYear must be in
the range [1,12]"
```

第4章　はじめてのElasticsearchクラスタ　　85

```
    }
  },
  "status": 400
}
```

●よくある原因

　マッピング定義（RDBのスキーマ定義に相当する）を行っていないフィールドをインデクシング
すると、Elasticsearchはデータ型を推測します。また、一度データ型が決まると、そのフィールド
のデータ型は変更できません。

　たとえば、「4桁の数字‐2桁の数字」というフォーマットの文字列をtext型として保持するフィー
ルドが必要だとします。マッピング定義を行わずに、次のデータをインデクシングするとどうなる
でしょうか。

```
PUT test/_doc/1
{
  "fieldX": "1234-01"
}
```

　この場合、「1234年1月」だと推論され、date型のフィールドになります。その後、「4567-89」と
いう値をインデクシングしようとすると、先ほどのパースエラーが発生します。

●解決策

　このような問題を防ぐため、必要だと分かっているフィールドはデータ型の推測に任せず、マッ
ピング定義をしましょう。

　インデクシングを行う前に、次のようにマッピング定義を行っておきます。

```
PUT test
{
  "mappings": {
    "_doc": {
      "properties": {
        "fieldX": {
          "type": "text"
        }
      }
    }
  }
}
```

こうしておけば、text型としてフィールドが作成され、先ほどのようなパースエラーは発生しなくなります。

4.7.4　ディスクサイズ設計

●事例

ディスクは余っているが、Elasticsearchに書き込みできなくなりました。また、次のようなログが出力されていました。

```
[2019-03-01T10:13:05,684][INFO ][o.e.c.r.a.DiskThresholdMonitor] [node1] low disk watermark [85%] exceeded on [ANaOwZgcTCGqD_-F-HKkqQ][node1][/opt/elasticsearch/data/nodes/0] free: 100.0gb[10.0%], replicas will not be assigned to this node
```

●よくある原因

ディスクのサイジングと、それに関する設定を行っていない可能性があります。

Elasticsearchはディスク使用率を監視し、閾値を越えるとディスクフルを防ぐ処理が実行されます。この閾値を「watermark設定」といい、3段階のwatermark設定があります。

low

デフォルト値は85％。この値を超えると、そのノードに新規シャードを作成しません。すでに存在するシャードへの書き込みは継続するため、この閾値を越えた後もディスク使用率が上昇する可能性があります。

high

デフォルト値は90％。この値を超えると、別ノードにシャードを再配置します。「再配置する速度＜書き込み速度」となっているときは、この閾値を越えた後もディスク使用率が上昇する可能性があります。

flood stage

デフォルト値は95%。この値を超えると、そのノードにひとつでもシャードが存在するインデックスは読み取り専用になります。この閾値を越えた場合、データ書き込みによるディスク使用率の上昇は抑えられます。

図4.28: watermark設定

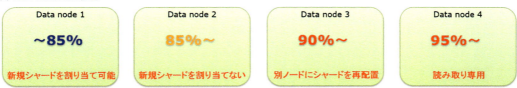

この設定により、ディスク使用率が100%になる前に、書き込みできなくなります。

●解決策

ディスクのサイジングを行いましょう。また、ディスク使用率を監視し、watermark設定を越える前に対策しましょう。watermark設定を越えてからでは遅いです。

ディスクのサイジングを行うときは、次の点に注意してください。

1. レプリカされるデータ量を考慮に入れる。レプリカ数が1の場合は2倍、レプリカ数が2の場合は3倍のディスク容量が必要です。

2. 耐障害性を考え、1ノード故障しても残りのノードで運用できるようにする場合は、1ノード余裕が必要です。3ノードで保持できるデータ量でも、1ノード故障した場合に備えて4ノードで運用する必要があります。

3. Elasticsearchの内部処理を行うための余裕が必要です。たとえば、シャードの再配置を行ったり、セグメントのマージ（≒データファイルのデフラグ）を行う領域が必要です。

1.5TBのディスクの場合、75%だと1.125TBになります。クラスタの運用を開始する前に必要なディスクサイズを算出し、多少の余裕を持たせたディスクを用意しましょう。

クラスタAPIでwatermark設定を変更する場合、次のリクエストを利用します。

```
PUT _cluster/settings
{
  "persistent": {
    "cluster.routing.allocation.disk.watermark.low": "90%",
    "cluster.routing.allocation.disk.watermark.high": "95%",
    "cluster.routing.allocation.disk.watermark.flood_stage": "98%"
  }
}
```

この例では、lowを90%、highを95%、flood_stageを98%にしています。

4.7.5　スプリットブレイン設計

●事例

一部のデータが消えた？ログを見たら、シャードが重複しているメッセージが出ています。

●よくある原因

スプリットブレイン対策を行っていない可能性があります。

次のケースでは、マスタ・ノードが2台になってしまい、矛盾した処理を行う危険性があります。このような現象を**スプリットブレイン**といいます。

88　　第4章　はじめてのElasticsearchクラスタ

図4.29: スプリットブレインの発生

① マスタ・ノードにヘルスチェック

② マスタ・ノードは正常だが、ネットワーク障害により、ヘルスチェックが失敗

③ マスタ・ノードに障害が発生したと思い込み、別のノードがマスタ・ノードになる

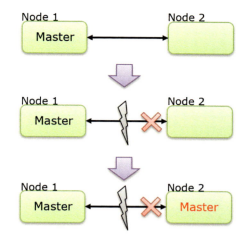

●解決策

マスタ・ノードが2ノード以上にならないようにする必要があります。具体的には、過半数以上のマスタ・エリジブル・ノードを確認可能なときだけ、マスタ・ノードになれるようにします。このようにすることで、スプリットブレインを防ぐことができます。

図4.30: スプリットブレインの対策

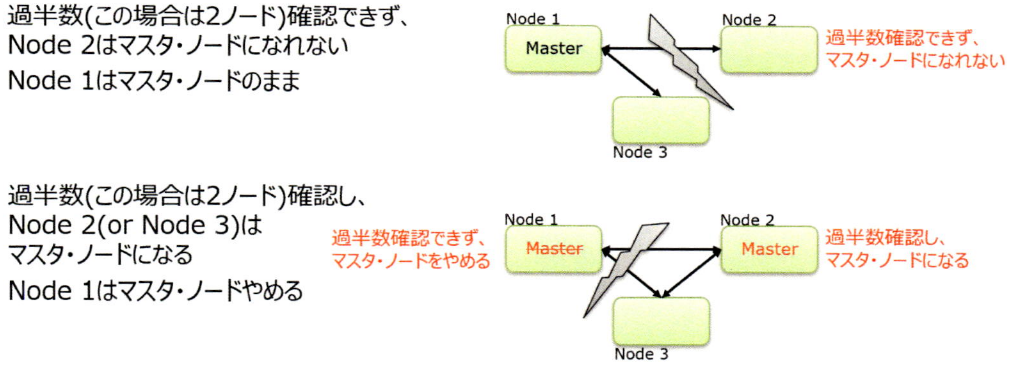

過半数(この場合は2ノード)確認できず、
Node 2はマスタ・ノードになれない
Node 1はマスタ・ノードのまま

過半数(この場合は2ノード)確認し、
Node 2(or Node 3)はマスタ・ノードになる
Node 1はマスタ・ノードやめる

多数決を行うため、マスタ・エリジブル・ノードを奇数台用意します。耐障害性を考慮する場合は、3ノード以上必要です。

スプリットブレイン対策の処理を有効にするには、最低限必要なマスタ・エリジブル・ノードのノード数をelasticsearch.ymlのdiscovery.zen.minimum_master_nodesに設定します。

```
discovery.zen.minimum_master_nodes: 2
```

discovery.zen.minimum_master_nodesには、次の値を設定します（小数点は切り捨て）。

（Master-eligible nodeの台数 / 2） ＋ 1

この設定を行うことで、スプリットブレインの発生を抑えられます。

4.8 まとめ

いかがでしたか。意外と考える要素が多かったですよね。ただ、こういった設計を行わずに運用を開始して問題となったクラスタをいくつも見てきたため、運用開始前に必要なこととして説明しました。このような設計を行い、Elasticsearch クラスタを安全に運用しましょう！

謝辞

　本書を執筆するに当たって、多くの方にサポートをいただきました。はじめに書籍執筆の挑戦に協力いただいた当社の新免社長に感謝します。全社員会議で執筆を応援してもらい、社内の応援ムードができました。その応援の後押しもあり、本書を書き上げることができました。

　また、Elastic社の大谷純さんにはお忙しい中、レビューいただき、数々の貴重なアドバイスをいただきました。これにより、本書がより良いものになりました。ありがとうございます。

　そして、インプレスR＆D社の山城敬さんには大変、感謝しております。技術書典に参加したことをきっかけにお声がけいただき、今回の書籍化が実現しました。

　最後に、本書を手にとってくださった読者の皆さん、本書に興味を持ってくださり、ありがとうございます。Elasticsearchを使いこなし、次の一歩を踏み出すための本を目指して執筆いたしました。読者の皆さんがElasticsearchを使うことが楽しくなり、日頃の業務に少しでもお役に立てれば幸いです。

監修者紹介

Acroquest Technology 株式会社

1991年3月に創業。UNIXをいち早く採用した集中監視制御システムの開発を中心にミッションクリティカルな分野で事業を展開。Java誕生直後からJava／オブジェクト指向を開発現場に導入し、分散システムを数多く開発した。

2016年4月にElasticsearch株式会社とOEM契約を締結し、Elastic Stackをベースにしたデータ分析ソリューション「ENdoSnipe」を開発・販売している。

2018年7月に国内初のAdvanced Reseller Partnerとなり、Elastic Stackの販売代理店として事業展開している。

2015年に、人を大切にする経営学会による「日本でいちばん大切にしたい会社大賞」の審査委員会特別賞を受賞。

2015年、2016年、2018年に、Great Place to Workが実施する「働きがいのある会社」ランキングの第1位（従業員数99名以下の部）に選出。

著者紹介

山本 大輝 （やまもと ひろき） 第1章　Elasticsearchで実践するはてなブログの記事解析

データサイエンス、分析業務に従事、専門は画像処理。機械学習、Deep Learningを利用したソリューションの開発・提案を中心に行い、Elasticsearchによる分析業務も並行して行っている。趣味はKaggleで、日夜コンペティションに参加している。7198チーム参加した過去最大（2018年9月時点）のコンペティション"Home Credit Default Risk"でKaggle仲間と共に2位を獲得。現在、Kaggle Master。

佐々木 峻 （ささき たかし） 第2章　日本語検索エンジンとしてのElasticsearch

自然言語処理、全文検索、IoT分析関連のプロジェクトを中心に活動している。言語処理学会第24回年次大会ワークショップ「形態素解析の今とこれから」にて、「検索サービスにSudachiを適用して運用コストを削減した話」というタイトルで発表した。

樋口 慎 （ひぐち しん） 第3章　Elasticsearch SQL

データ分析・ElasticStackコンサルティング業務に携わる。Elasticsearch社公認のテクニカルワークショップで講師などを務めているほか、世界でも数少ないElastic Certified Engineer資格を保有している。

束野 仁政 （つかの さとゆき） 第4章　はじめてのElasticsearchクラスタ

分散システム、ビッグデータ、機械学習関連のプロジェクトを中心に従事している。ここ数年は、Elasticsearchを使ったシステムのコンサルティング・設計・開発を行っており、100TBのElasticsearchクラスタの運用経験を持つ。日本Javaユーザーグループ主催のセミナー「Elasticsearch特集」や、Elastic Tokyo User Group主催の「Elasticsearch勉強会」での発表経験あり。趣味は数学、量子コンピュータ、スペイン語。社内では数学部のメンバーとして活動している。

◎本書スタッフ
アートディレクター/装丁：岡田章志＋GY
編集協力：飯嶋玲子
デジタル編集：栗原 翔

技術の泉シリーズ・刊行によせて

技術者の知見のアウトプットである技術同人誌は、急速に認知度を高めています。インプレスR&Dは国内最大級の即売会「技術書典」（https://techbookfest.org/）で頒布された技術同人誌を底本とした商業書籍を2016年より刊行し、これらを中心とした『技術書典シリーズ』を展開してきました。2019年4月、より幅広い技術同人誌を対象とし、最新の知見を発信するために『技術の泉シリーズ』へリニューアルしました。今後は「技術書典」をはじめとした各種即売会や、勉強会・LT会などで頒布された技術同人誌を底本とした商業書籍を刊行し、技術同人誌の普及と発展に貢献することを目指します。エンジニアの"知の結晶"である技術同人誌の世界に、より多くの方が触れていただくきっかけになれば幸いです。

株式会社インプレスR&D
技術の泉シリーズ　編集長　山城 敬

●お断り
掲載したURLは2019年6月1日現在のものです。サイトの都合で変更されることがあります。また、電子版ではURLにハイパーリンクを設定していますが、端末やビューアー、リンク先のファイルタイプによっては表示されないことがあります。あらかじめご了承ください。

●本書の内容についてのお問い合わせ先
株式会社インプレスR&D　メール窓口
np-info@impress.co.jp
件名に『本書名』問い合わせ係」と明記してお送りください。
電話やFAX、郵便でのご質問にはお答えできません。返信までには、しばらくお時間をいただく場合があります。
なお、本書の範囲を超えるご質問にはお答えしかねますので、あらかじめご了承ください。
また、本書の内容についてはNextPublishingオフィシャルWebサイトにて情報を公開しております。
https://nextpublishing.jp/

●落丁・乱丁本はお手数ですが、インプレスカスタマーセンターまでお送りください。送料弊社負担 てお取り替え
させていただきます。但し、古書店で購入されたものについてはお取り替えできません。
■読者の窓口
インプレスカスタマーセンター
〒 101-0051
東京都千代田区神田神保町一丁目 105番地
TEL 03-6837-5016／FAX 03-6837-5023
info@impress.co.jp
■書店／販売店のご注文窓口
株式会社インプレス受注センター
TEL 048-449-8040／FAX 048-449-8041

技術の泉シリーズ
Elasticsearch NEXT STEP

2019年7月5日　初版発行Ver.1.0（PDF版）
2020年1月31日　　Ver.1.1

監　修　アクロクエストテクノロジー株式会社
著　者　樋口 慎,山本 大輝,佐々木 崚,束野 仁政
編集人　山城 敬
発行人　井芹 昌信
発　行　株式会社インプレスR&D
　　　　　〒101-0051
　　　　　東京都千代田区神田神保町一丁目105番地
　　　　　https://nextpublishing.jp/
発　売　株式会社インプレス
　　　　　〒101-0051　東京都千代田区神田神保町一丁目105番地

●本書は著作権法上の保護を受けています。本書の一部あるいは全部について株式会社インプレスR＆
Dから文書による許諾を得ずに、いかなる方法においても無断で複写、複製することは禁じられていま
す。

©2019 Shin Higuchi,Hiroki Yamamoto,Takashi Sasaki,Satoyuki Tsukano. All rights reserved.
印刷・製本　京葉流通倉庫株式会社
Printed in Japan

ISBN978-4-8443-9898-1

NextPublishing®
●本書はNextPublishingメソッドによって発行されています。
NextPublishingメソッドは株式会社インプレスR&Dが開発した、電子書籍と印刷書籍を同時発行できる
デジタルファースト型の新出版方式です。https://nextpublishing.jp/